Max Herz

Untersuchungen über Wärme und Fieber

VERO Verlag

Max Herz

Untersuchungen über Wärme und Fieber

ISBN/EAN: 9783956108532

Auflage: 1

Erscheinungsjahr: 2013

Erscheinungsort: Norderstedt, Deutschland

Webseite: http://vero-verlag.de

Cover: Foto ©Lucie Kärcher / pixelio.de

UNTERSUCHUNGEN

ÜBER

WÄRME UND FIEBER.

VON

Dr. MAX HERZ,

SECUNDARARZT AM K. K. ALLGEMEINEN KRANKENHAUSE IN WIEN.

Mit 16 Figuren im Text

WIEN UND LEIPZIG.

WILHELM BRAUMÜLLER.

K. U. K. HOF- UND UNIVERSITÄTS-BUCHHÄNDLER

1893.

UNTERSUCHUNGEN

ÜBER

WÄRME UND FIEBER.

VON

Dr. MAX HERZ,

Secundararzt am k. k. allgemeinen Krankenhause in Wien.

MIT 16 FIGUREN IM TEXT.

WIEN und LEIPZIG.

WILHELM BRAUMÜLLER.

K. U. K. HOF- UND UNIVERSITÄTS-BUCHHÄNDLER.

1893.

UNTERSUCHUNGEN

ÜBER

WÄRME UND FIEBER.

Vorwort.

In den folgenden Blättern habe ich eine grosse Reihe von Untersuchungen und auch einzelne theoretische Betrachtungen niedergelegt, welche in dem Bestreben angestellt wurden, die Lehre von der Wärmeregulierung und dem Fieber nach mancher Richtung zu vereinfachen.

Unmöglich war es, die Literatur der verschiedenen Gebiete, welche herangezogen werden mussten, ausführlich zu würdigen.

Dass ich bis auf den einfachen pflanzlichen Zellorganismus zurückging und stellenweise zur Klärung der Begriffe ein physicalisches Experiment schilderte, wird man mir hoffentlich nicht übel nehmen.

Im ersten Capitel findet sich eine Zusammenstellung von Erörterungen ganz allgemeiner Natur, welche ursprünglich in dem Texte der übrigen Capitel zerstreut waren; sie wurden gesammelt und vorangestellt, damit sie die Besprechungen specieller Fragen nicht spalten und als dem Interesse des betreffenden Gegenstandes ferner liegend die Lectüre unnütz erschweren.

Es ist mir schliesslich eine angenehme Pflicht, den Herren Vorständen, welche mir die Ausführung meiner Untersuchung ermöglichten, meinen wärmsten Dank auszusprechen; es sind die Herren Hofräthe Prim. Standthartner und Prof. E. Ludwig und die Herren Professoren Stricker, Wiesner und Kaposi.

Wien, im Juli 1892.

Der Verfasser.

Inhalt.

I. Einleitung. — Allgemeines.

1. Ein natürlicher Instinkt wehrt sich dagegen, den fieberhaften Process mit Temperaturanomalien zu identificiren. Wir sagen Temperatur, wo unsere Vorgänger den Ausdruck calor gebrauchten, und es ist kein Zweifel, dass diese in der Naivität ihrer Sprache dem Wesen jener räthselhaften Erscheinungen näher kamen als wir. Man kann mit Beruhigung das Fieber als eine pathologische Veränderung in den Wärmeverhältnissen des Organismus bezeichnen, wenn man unter Wärme die in einem Moleküle angehäufte lebendige Kraft versteht, wie es in der Molekularphysik und -Chemie üblich ist; aber damit ist bei der geringen Kenntnis, die wir vom Aufbau des Protoplasmas haben, leider wenig oder nichts gesagt.

Die Temperatur ist eine Funktion der Wärme, mithin ein Ausfluss molekularer Vorgänge. Sie ist bis jetzt das einzige Mittel, das wir besitzen, um über die Grenzen des sinnlich Wahrnehmbaren hinaus den Processen des Lebens nachzugehen, so lange sie noch sind, nicht wie in der Chemie erst dann, wenn sie schon waren.

Von der Wärmemenge, welche in einem Körper aufgespeichert ist, haben wir keinen Begriff; die Temperatur aber können wir messen, und diese besagt uns, wie viel Wärme oder lebendige Kraft (Calorien) der betreffende Körper unter geeigneten Verhältnissen an einen andern, dessen Temperatur ebenfalls bekannt ist, abzugeben vermag. So wissen wir, dass eine gemessene Wassermenge von gewisser Temperatur, wenn sie sich um eine Anzahl von Graden abkühlt, eine Wärmemenge verliert oder an ihre Umgebung abgiebt, die einer ganz bestimmten Menge von Calorien oder der Hebung eines ganz bestimmten Gewichtes auf eine genau zu berechnende Höhe entspricht. Wir wissen dieses für das Wasser ebenso gut wie für jeden anderen Körper, dessen Zusammensetzung wir kennen, oder von dem wir wenigstens voraussetzen dürfen, dass er im chemischen Sinne eine fixe Zusammensetzung habe. Vom Protoplasma aber wissen wir das nicht. Dieses ist kein Objekt der Chemie. Hier sind die Atome nicht zu Systemen vereinigt, welche den Sonnensystemen des Weltalls gleichen; hier walten Gesetze, für die wir noch keine Analogie haben, von denen wir kaum mehr behaupten können, als dass in dem ewigen Wechsel der Erscheinungen keine Periodicität zu suchen sei. Das eben nennt man das Leben, jenen Vorgang, bei dem die Bilder wie in einem Kaleidoskop scheinbar unregelmässig und doch einander schaffend und gebärend sich drängen, um schliesslich in die Ruhe des unorganisirten Gleichgewichtes zurückzusinken.

Wo ist hier die Wärme? Was bedeutet hier die Temperatur? Wenn man einem Protoplasma Wärme entzieht, muss seine Temperatur da sinken? Sie muss es nicht und es ist dringend nothwendig, dieses zu betonen. Das Räthselhafte, das Widersinnige, das diese Behauptung im ersten Momente haben mag, verschwindet sofort, wenn man sich daran erinnert, dass man einem dampfförmigen Wasser von 100° C. ganz gewaltige Wärmemengen entziehen kann, ohne seine Temperatur auch nur um einen winzigen Bruchtheil eines Grades herabzudrücken. Der Dampf aber ist dann, wenigstens zum Theile, condensirt. Früher glichen seine Moleküle Projektilen, die den Raum mit rasender Geschwindigkeit durchschossen, jetzt liegen sie gelähmt, durch die Schwere und andere adhäsive Kräfte gefesselt, zu Tropfen geballt am Boden. Die Temperatur aber ist in dem Tropfen dieselbe wie vorher im Dampfe; und die lebendige Kraft, die man ihm in Form von Wärme entrissen hat, entstammt den Molekülen, welche ihre Geschwindigkeit mässigen mussten. Dieses wird nach der gebräuchlichen Nomenclatur als Änderung des Aggregatzustandes bezeichnet.

Wenn man also einen Organismus erwärmt oder abkühlt und erwartet, dass seine Temperatur sich entsprechend ändere, dann ist man in seinen Hoffnungen sehr voreilig, so lange man nicht weiss, ob nicht in den Stoffen, die man sich in ihren kleinsten Theilen als nach ganz besonderen Gesetzen bewegt denken muss, ähnliche Umwandlungen von Energien in einander vorgehen wie in dem geschilderten Beispiele. Ebenso muss es befremden, wenn von der specifischen Wärme eines Organismus die Rede ist, wie z. B. 0·8 als die specifische Wärme des menschlichen Körpers angenommen wird, denn es ist nichts unwahrscheinlicher, als dass das Protoplasma eine solche besitze. Einem Stücke Eisen eine Wärmecalorie zugeführt erwärmt dieses freilich immer um eine gleiche Anzahl von Graden und diese sind ein Maass für die specifische Wärme desselben; aber von einem Muskel weiss ich à priori nicht, ob er nicht, wenn ich ihm eine Calorie einverleibe, statt sich zu erwärmen, diese in moleküläre Spannkräfte umsetzt, wie es die grünen Pflanzen mit den Sonnenstrahlen thun.

Von der absoluten Wärmemenge, welche eine Masse repräsentirt, haben wir auch bei einem nichtorganisirten Körper keine Ahnung; aber aus der Temperatur kann man erkennen, um wie viel Calorien mehr oder weniger er enthalte als ein anderer Körper gleicher Zusammensetzung. Bei der lebenden Substanz besteht aber auch diese Relation nicht, ja es ist nicht einmal gerechtfertigt von vorneherein anzunehmen, ein Organismus von hoher Temperatur enthalte mehr Wärme als zu jener Zeit, wo er kühler war.

Andererseits aber darf es nicht scheinen, als hätte die Bestimmung der Temperatur bei lebender Substanz keine oder nur eine geringe Bedeutung, nachdem durch sie die Physik und Chemie in dem Gebiete der kleinsten Theile, in welchem sich beide begegnen, die grossartigste Förderung erhalten haben und nachdem das Thermometer in der praktischen Medizin zum unentbehrlichsten und untrüglichsten diagnostischen Hilfsmittel geworden ist. Sie ist im Gegentheile im Stande, den Untersucher auf viel verwickeltere Verhältnisse zu leiten, weil ihre Beziehungen zu dem Vorrathe an lebendiger Kraft im Protoplasma compliciertere sind. Oft ist es nicht möglich, diese aufzudecken, denn die Mathematik, die am leblosen Stoff so schön die hier in Betracht kommenden Grössen zu überraschenden und fundamental wichtigen Gruppen zu verquicken weiss, ist hier ein zweischneidiges Schwert.

2. Das Eine steht aber fest, dass ein Klümpchen Protoplasma, das man sich als eine Muskel-, Drüsen- oder Hefezelle denken mag, unter bestimmten Verhältnissen eine bestimmte Temperatur hat, welche höher oder niedriger als die Umgebungstemperatur oder auch ihr gleich sein kann. Um diesen so einfach aussehenden Gedanken in seine weittragenden Consequenzen verfolgen zu können, ist es nöthig, den Begriff der Temperatur genauer zu fassen, als es im Vorhergehenden geschehen ist, selbst auf die Gefahr hin, uns auf Gebiete begeben zu müssen, denen das medizinische Calcul sonst gerne fern bleibt.

Der Begriff der Temperatur ist eine Abstraction aus Sinneseindrücken, welche dem Sensorium durch unmittelbare Berührung warmer Gegenstände erwachsen sind. Das, was den Vorstellungen des Warmen und des Kalten gemeinsam ist, das ist die Temperatur. Die Beobachtung, dass die meisten Körper ein grösseres Volumen annehmen, wenn sie wärmer werden, schuf ein Mittel zur objectiven Feststellung von Unterschieden in der Temperatur und man nannte nun gleich warm, was in unmittelbare Berührung gebracht, gegenseitig sein Volum nicht änderte. Die Schwingungslehre gibt dafür die Erklärung, dass die vollkommen elastischen kleinsten Theilchen beider Stoffe an den Berührungsflächen mit ganz gleicher Intensität oder lebendiger Kraft aufeinander prallen, so dass auf keiner Seite ein Bewegungszuwachs entstehe. Es gibt also für jedes Protoplasma-Klümpchen eine Temperatur, die ein anderer Körper haben muss, damit seine Moleküle mit demselben in Berührung gebracht, keinen Zuwachs an lebendiger Kraft erfahren.

Man kann getrost die Wärmeäusserungen eines Moleküles als die Wirkungen einer Componente seiner gesammten Bewegungsgrösse auffassen. Die Schwingungen, die der Ausdruck dieser Componente sind, sind die Wärmeschwingungen, und die Temperatur ein relatives Maass ihrer Amplitude.

Bewegungen jeder Art wandeln sich in der Natur ganz oder theilweise in Wärme um, wenn ihr ewiger Fortgang, auf den sie vermöge der Beharrungskraft Anspruch haben, durch den Eingriff anderer Factoren gehindert wird und man schliesst daraus auf die einfache Natur der Schwingungen der Wärme. Es lässt sich die Ansicht wohl vertheidigen, dass die als Temperatur zum Ausdruck gelangende Wärme die Summe der gegen die Oberfläche der Masse gerichteten Bewegungscomponenten sei. Daher der Zusammenhang der Ausdehnung mit der Temperatur, da beide Functionen dieser Componenten sind. Ein Körper, der seine ganze Wärme verlöre, hätte auch keine Ausdehnung, denn dann stürzten seine unendlich kleinen (raumlosen) Atome auf einander.

3. An die Wärme des Organismus knüpft sich eine Art von scheuer Ehrfurcht. Weil die Perception ihrer Erscheinungen durch eigene Nerven ganz aus dem Bereich der übrigen Sinne gerückt ist, unterschiebt ihr das Vorstellungsvermögen eine Selbstständigkeit, die ihr ihrem Wesen nach gar nicht zukommt, von der sich aber selbst ein in der objectiven Betrachtung der Dinge geübter Geist nicht leicht emancipirt. So war und ist es möglich, von einem Nutzen oder Zweck der Wärme oder von Einrichtungen, die zu ihrer Erhaltung und Regulierung vorhanden sein sollen, zu sprechen.

Eine Reaction gegen diese Anschauung ist die auf dem gleichen Boden stehende Vorstellung, als wäre die Wärme, die man als eine Energie niedrigster Ordnung bezeichnet, weil jede andere Bewegungsform sich leicht in sie verwandelt, ein nebenher Entstehendes, gewissermassen ein nutzloser Abfall an Energie. Während also nach den Einen, und das sind einstimmige Generationen, die Wärme des Organismus oder vielmehr die Temperatur desselben geflissentlich unterhalten wird (der respiratorische Stoffwechsel), glauben andere, das warme Lebewesen gleiche einer Maschine, die sich erhitze, weil ihre Einrichtung nicht vollkommen genug sei, um alle ihr zugeführte lebendige Kraft in zweckmässig veränderter Form nach Aussen wieder abzuliefern. Dass beide Auffassungen durch die seit Lavoisier so plausibel gewordene Analogie zwischen Stoffwechsel und Verbrennung in gleicher Weise ge-

fördert werden, leuchtet ein. Es ist aber vielleicht die Zeit
nicht mehr ferne, wo die Wissenschaft die Krücke, an der sie
ein gutes Stück vorwärts gewandert ist, bei Seite legen wird,
weil ihr aus der Lehre von den Bewegungen der kleinsten
Theile neue Stützen erwachsen.

4. Die Elementartheilchen des Protoplasmas mögen zu-
sammengesetzt sein, wie sie wollen, sie mögen sich auch bewegen, wie sie wollen, eine senkrecht gegen die Oberfläche
gerichtete Componente müssen ihre Bahnen haben — eine
Temperatur. Gibt man einen unorganisirten Körper fixer Zusammensetzung in eine Umgebung von seiner eigenen Temperatur, dann kann er da ewig unverändert liegen bleiben.
Nicht so die lebende Substanz. Das, was man Leben nennt,
(»Die intramoleculare Wärme der Zelle ist ihr Leben.«
Pflüger *), Ernährung, Wachsthum und Vermehrung, ist eine
ununterbrochene Folge von Transactionen unter den Energien,
die ihr von Aussen zugebracht werden. Das Protoplasma ist
der Parasit der anorganischen Natur.

Die Arten der Zufuhr von lebendiger Kraft sind sehr
mannigfach. Bald sind es heftig bewegte Aetheratome
(Sonnenlicht), die ihre Kraft auf die organischen Elemente
übertragen, bald werden Moleküle in das Innere der Zelle
eingeführt, aus denen lebendige Kräfte frei werden.

Die Assimilation, respective Einverleibung jedes Moleküles
vergrössert die in dem Zellkörper vorhandene Summe an
lebendiger Kraft; denn es wird zwar, wenn Gleichgewicht
herrscht, eine diesem Moleküle äquivalente Masse abgegeben,
aber die Elemente dieser sogenannten Endproducte des Stoffwechsels kreisen minder energisch in ihren Bahnen, sie haben
eine geringere Verbrennungswärme. Die lebendigen Kräfte, die
so continuirlich einer beschränkten Anzahl von Theilchen zu-
kommen, kann man berechnen, wenn man die Nahrung und
die Excrete kennt; sie sind der Differenz der bezüglichen
Verbrennungswärmen gleich.

Die Differenz zwischen den in den Nahrungselementen
und den schwächer bewegten Excretelementen enthaltenen

---

*) Pflügers Archiv f. d. ges. Physiologie, 1875.

lebendigen Kräfte bleibt in Gestalt einer Beschleunigung der lebenden kleinsten Theilchen im Inneren des Einzelorganismus zurück. Soll dieses nicht in's Unendliche gehen und die Theilchen aus ihren Bahnen geschleudert werden, wie diejenigen eines durch Erhitzung zum Verdampfen gebrachten Körpers, dann müssen die überschüssigen lebendigen Kräfte unschädlich gemacht werden, wozu es drei Wege gibt:

a) Die Übertragung eines Theiles der translatorischen Geschwindigkeit auf fremde Moleküle. Dies geschieht, wenn eine wärmere Zelle das Wasser, in welchem sie flottirt, oder wenn ein warmblütiges Thier die Luft seiner Umgebung erhitzt.

b) Die Ausscheidung der am stärksten bewegten Mole küle. Man kann das Protoplasma gewiss als keine Flüssigkeit bezeichnen; ebenso wenig aber auch als einen festen Körper. Würde sich von seinem Leibe ein festes Theilchen trennen, dann könnte man sagen, es habe Moleküle verloren, welche schon in ihrer Eigenschaft als Bestandtheile eines festen Partikels eine geringere Summe lebendiger Kraft repräsentiren, als eine Flüssigkeit. Das Umgekehrte findet statt, wenn das Protoplasma aus dem Verbande seines Körpers Wasser oder wässerige Lösungen ausscheidet. Der Verlust an solchen ist einem Wärmeverluste gleich.

Ob sich die einzelne Zelle dieses Mittels bedienen kann, weiss man nicht. Die schwitzenden und Harn secernirenden Thiere aber machen davon ausgiebigen Gebrauch.

c) Die Umwandlung in Spannkräfte, welche aber wiederum nichts anderes sein können, als lebendige Kräfte kleinster Theile. Als Beispiel hiefür kann man die Muskelfaser anführen, die in ihrem Bau darauf eingerichtet ist, dass die aus ihrem Stoffwechsel hervorgehenden Energien in ihrer Masse gewissermassen latent werden, um im gegebenen Momente ihren molekularen Charakter zu verlieren und sich zu Massenbewegungen zu summiren.

Es gibt aber eine Periode, wo jedes Protosplasma mehr Kraft empfängt, als es ausgibt. Dies ist die Wachsthumsperiode. Während dieser Zeit werden darin Kräfte aufgespeichert, welche nicht zu unterschätzen sind. Sie werden uns wieder begegnen, wenn uns die Kraftverschwendung im Fieber beschäftigen wird.

5. Wie hat man sich die Entbindung von Wärme bei chemischen Processen vorzustellen? Man denke sich ein Gemenge von Sauerstoff- und Wasserstoffmolekülen. Sie haben offenbar die gleiche Temperatur, mithin, wie oben schon gesagt wurde, die gleiche gegen die Oberfläche gerichtete Componente. Die Sauerstoffmoleküle sind aber schwerer als jene des Wasserstoffes. Sie müssen also, wenn sie auf ihrem Fluge durch den Raum mit Wasserstofftheilchen zusammenprallen, eine geringere Geschwindigkeit haben als diese, wenn jenes Postulat erfüllt sein soll, das wir im Vorhergehenden aufgestellt haben, dass nemlich Moleküle gleicher Temperatur bei ihren Bewegungen mit gleich grosser lebendiger Kraft auf einander stossen und sich wieder verlassen; denn die 16 mal grössere Masse des Sauerstoffstheilchens hat bereits bei 4 mal geringerer Geschwindigkeit die gleiche lebendige Kraft wie ein Theilchen des Wasserstoffes.

Wenn sich die Beiden nun zu Wassermolekülen vereinigen, dann entstehen Gruppen von 3 Atomen, welche zusammen ihre Bahn beschreiben mit einer Geschwindigkeit, welche grösser als die des Wasserstoffes, nämlich so gross ist, dass die gemeinsame Masse von 2 Wasserstoff- und einem Sauerstoffatome eine lebendige Kraft besitzt, welche der Summe der lebendigen Kräfte gleich kommt, welche die einzelnen Atome vor der Vereinigung besassen, so dass jetzt jedes Molekül $1\frac{1}{2}$ mal so viel lebendige Kraft besitzt, als ein Molekül der ursprünglichen Gase. Das neugebildete Molekül ist also auch im Stande, ein anderes, wenn es ihm begegnet, um ebenso viel mehr zu erschüttern, es ist wärmer. Es bleibt so lange wärmer und ertheilt so lange Beschleunigungen, bis seine lebendige Kraft auf diejenige eines Moleküles der ursprünglichen Gase, respective bis seine Temperatur auf die ursprüngliche Höhe herabgesunken ist. Dann aber ist seine Geschwindigkeit kleiner als die frühere seiner Componenten; es ist träger, als diese waren, als sie sich frei bewegen konnten. Auf ähnliche Art entstehen auch im Protoplasma die lebendigen Kräfte, die sich als Bewegungen, Wärmewirkungen u. s. w.

äussern. Diejenigen Atomcomplexe aber, welche, wie oben
die Wassermoleküle, anfangs als ihre Träger und Vermittler
dienen, und dann, wenn sie ihren Überschuss an lebendiger
Kraft erschöpft haben, die schwerfälligsten Körper in dem
lebendigen Strudel sind, werden ausgeschieden. Sie sind die
Endproducte des Stoffwechsels.

6. Wenn man von Verbrennungen spricht, ist der Begriff
der Entzündungstemperatur nicht weit. Einer mit Petroleum
gefüllten Lampe wird es nie von selbst einfallen, sich zu entzünden, obwohl ihr Brennstoff im Dochte in die Höhe steigt
und mit dem Sauerstoffe der Luft in ausgiebige Berührung
kommt. Was geschieht nun, wenn ich die Lampe mit einem
Zündholz in Brand stecke und damit einen Process einleite,
der ewig dauern könnte, wenn man ihm immer neue Nahrung
herbeischaffte? Das Zündholz in die Nähe des Dochtes gebracht,
versetzt das in demselben enthaltene Öl in eine Temperatur,
welche unbedingt nöthig ist, damit die Verbindung desselben mit
dem Sauerstoffe der Umgebung von Statten gehe. Man nennt
diese Temperatur, die für jeden brennbaren Stoff von ganz bestimmter Höhe ist, die Entzündungstemperatur. Auch von
der Zelle ist es bekannt, dass sie unter einer gewissen Temperatur nicht leben kann, man mag ihr den besten Nährboden
bieten. Man muss sie erwärmen, um in ihrem Inneren den
Stoffwechsel gewissermassen zu entzünden. (Pflügers Disso-
ciationstemperatur.)

Wenn wir die Lampe einmal angezündet haben, dann
brennt sie, sagten wir, ruhig weiter. Viele Körper thun dies
nicht. Manche brennen gar nicht weiter, manche nur kurze
Zeit, manche wiederum mit steigender Geschwindigkeit so
rasch, dass man diesen Vorgang mit dem imposanten Namen
der Explosionen belegt hat. Der Unterschied zwischen all
diesen Körpern ist folgender: der Stoff, der nicht weiter
brennt, ist nicht im Stande, durch die bei der Verbrennung
eines Theiles seiner Masse freiwerdende Wärme eine gleich
grosse Menge desselben von der Umgebungstemperatur,
die auch die seinige ist, auf die Entzündungstemperatur zu
erhitzen. Wenn er künstlich in Brand gesteckt wird, dann
verbrennt ein Quantum, welches nur eine kleinere Masse,

als er selbst ist, genügend zu erhitzen vermag; diese kleinere Masse verbrennt und entzündet eine noch kleinere u. s. f. Es dauert nicht lange und die anfängliche Flamme wird ein Flämmchen, das schliesslich erlischt. Ein Körper brennt aber weiter, wenn er durch seine Verbrennung mehr als eine gleich grosse Masse bis zur Entzündung erhitzt u. z. brennt er caeteris paribus um so rascher weiter, je geringer die Differenz der beiden Temperaturen und je grösser die Menge der frei-werdenden Wärme ist.

Sehen wir uns nach Analogien im Reiche des Organischen um, so finden wir deren in Menge. Die grüne Pflanze, das sich entwickelnde Ei, der Fötus im Mutterleibe müssen von ihrer Umgebung auf jener Höhe der Temperatur erhalten werden, bei der allein die Umsetzungen in ihrem Leibe möglich sind, denn sie selbst sind durch die geringe Inten-sität ihrer wärmeentbindenden Stoffwechselvorgänge dieses zu leisten nicht im Stande. Die beiden Letzteren werden es bald und emancipiren sich dann von dem Wärmezuschuss aus fremder Hand.

7. Es fällt dem Vorstellungsvermögen nicht schwer, den Begriff der Temperatursteigerung durch Wärmezufuhr mit dem einer Vermehrung des Stoffwechsels zu verbinden, weil die ge-wöhnlichen Erfahrungen, die man über Verbrennungsprocesse macht, lehren, dass diese gefördert werden, wenn man die Temperatur der Brennmaterialien noch von Aussen her steigert. Man ist auch geneigt für den Protoplasmakörper, der nicht glimmen kann, wenn man ihm zu viel Wärme entzieht, hin-gegen zu stürmischen Bewegungsäusserungen aufgestachelt wird bei Zufuhr derselben, in gewissem Grade eine Erklärung zu suchen, welche den unergründlichen Lebensbegriff mit dem der Wärme in geheimnisvollen Zusammenhang brächte.

Leichter noch könnte man dazu verleitet werden, wenn man überlegt, warum wohl eine Zelle ihre Lebensthätigkeiten vermindert und schliesslich einstellt, wenn man sie erwärmt. Es geschieht das Letztere ja nicht erst dann, wenn die Hitze das Gefüge des Protoplasmas in seiner elementaren Zusammen-setzung anzugreifen beginnt, wenn Gerinnungen und ähn-liche Processe eintreten. Das Vorhandensein einer oberen

II

Functionsgrenze der Temperatur zeigt, dass man bei Vergleichen zwischen Stoffwechsel und Verbrennung vorsichtig sein muss, um nicht mehr zu behaupten, als die chemische Homologie der Endproducte rechtfertigen kann.

Es tritt uns hier die frappirende Thatsache entgegen, dass die Zufuhr von lebendiger Kraft über ein gewisses Maass hinaus, den Ablauf von Processen hindert, welche durch Beschleunigungen geringeren Grades zuerst ermöglicht und dann gefördert wurden. Man hat sich vielfach daran gewöhnt, von einer Selbstheizung der thierischen Organismen zu sprechen und man bezeichnet gewisse Nahrungsstoffe als solche, welche nur dazu dienen, im Körper »verbrannt« zu werden, um ihn auf Temperaturen zu bringen, welche ihm dienlich sind. Auf welche Irrwege man dadurch gelangen kann, kann man an den Vorgängen der Alcoholgährung zeigen, deren Erregern man eine übergrosse Sucht sich zu erwärmen zuschreiben müsste, wenn derartige Auffassungen überhaupt gestattet wären.

Wie man weiss, gibt es keine bekannte Energie, die sich nicht in Wärme verwandeln liesse. So erwärmt sich z. B. jeder Draht, durch welchen ein elektrischer Strom geschickt wird. Es ist nun ein sehr interessanter und anschaulicher Versuch, wenn man einen dünnen Platindraht mit Kupferdrähten in Verbindung bringt, die ihm den Strom eines Elementes zuleiten, das ihn zwar zu erhitzen, aber nicht zum Glühen zu bringen vermag. Taucht man einen der Kupferdrähte in kaltes Wasser, dann blitzt das Platin sofort in heller Weissgluth auf, man hebt ihn heraus und das Licht erlischt wieder. Es gelangt also zum Platindrahte mehr Elektricität, wenn man die kupfernen Leiter, welche auch durch den Strom erwärmt werden, abkühlt und es gewinnt den Anschein, als schaffe sich die Elektricität durch Anhäufung von Wärme auf ihrem Wege selbst ein Hinderniss. Jedenfalls ist dieser Versuch ein Beispiel dafür, dass ein Körper in gewissen feineren Bewegungen seiner kleinsten Theile durch eine Erwärmung gehindert werden kann, welche die Folge dieser Bewegungen ist.

Es ist also nicht mehr so befremdlich, wenn Ähnliches bei einem Protoplasma gefunden wird. Die Wärme befördert auf der einen Seite innerhalb des Organisirten die weitere Freiwerdung von lebendigen Kräften, andererseits hindert sie die kleinsten Theile daran, jenen Zuwachs anzunehmen. Da, wo aus diesen Gegenwirkungen das günstigste Resultat hervorgeht, liegt die Temperatur des raschesten Stoffwechsels, die optimale Temperatur.

8. Es könnte scheinen, dass in diesen Ausführungen die Grenzen des Erlaubten überschritten worden seien, wenn schlechtweg von den molekularen Elementen der lebenden Substanz gesprochen werde, ohne darauf Rücksicht zu nehmen, dass Nägeli das Protoplasma aus Micellen, Wiesner es aus Plasomen u. s. w. bestehen lässt. Das sind Theorien, über deren Berechtigung an dieser Stelle kein Urtheil abgegeben zu werden braucht, weil für den hier zu behandelnden Gegenstand viel einfachere Voraussetzungen genügen.

II. Über das Grundgesetz von der naturgemässen Wärmereaction des Protoplasmas.

Man sieht in dem Verhalten der Warmblüter bei Veränderungen der äusseren Temperatur ein Etwas, das den Erwartungen, die zu hegen man sich berechtigt glaubt, nicht entspricht. In der That ist es überraschend, die Schwankungen der Innentemperatur und des Stoffwechsels zu verfolgen, wie sie so ausführlich und häufig auch einander widersprechend in der unübersehbaren Literatur dieses Gegenstandes geschildert sind. Da diese keiner nach Analogien bestimmbaren Regel folgen, dennoch aber den Charakter der Zweckmässigkeit an sich tragen, so hat man dem mächtigen Erklärungstriebe in moderner Weise Folge leistend die zum Widerspruche reizende Annahme eines für das Wohl des Individuums besorgten und logisch handelnden Centrums gemacht. Dass dieses keine Erklärung, sondern nur die Umschreibung einer unfreiwillig fast theistisch angehauchten Auffassung ist, ergibt sich von selbst.

Im Folgenden wird ein Versuch unternommen, in die verwirrende Menge von Resultaten einer experimentirfrohen Zeit ein einfaches naturwissenschaftliches Princip zu bringen, welches die Auslegung eines Gesetzes ist, das mit zwingender Nothwendigkeit aus der vorurtheilslosen Prüfung dessen hervorgeht, was wir von dem Verhalten der lebenden Substanz wissen.

In einem Aufsatze über die obere Temperaturgrenze des Lebens stellt Hoppe-Seyler[*]) eine Anzahl von Beobachtungen zusammen, welche sich auf das Vorkommen und Gedeihen von Conferven in heissen Quellen beziehen. Andererseits ist es bekannt, wie tiefe Temperaturen besonders Wasserthiere

---

[*]) Pflügers Arch. f. d. ges. Physiologie Bd. 11, 1875.

oder gar niedere pflanzliche Organismen vertragen, ohne ihren Stoffwechsel einzustellen. Nach Horvath*) kann man, wenn man künstliche Athmung einleitet, selbst Warmblüter bis auf 5° C. abkühlen, ohne dass sie sterben. Es muss aber für jede Zelle, sie entstamme einer Pflanze oder einem Thiere oder sei an und für sich ein freilebendes Individuum, eine ganz bestimmte untere nnd eben solche obere Grenze geben, zwischen welcher allein sie gedeihen kann. Ein innerhalb dieser Lebensbreite der Temperatur in behaglichem Stoffwechsel sich ernährendes und fortpflanzendes Protoplasmaklümpchen muss diesen einstellen, wenn man es in Verhältnisse bringt, unter denen seine Innentemperatur die individuellen Lebensgrenzen nach unten oder oben überschreitet.

Das Gleiche findet man bei den Fermenten. Durch ihre Stellung an der Grenze zwischen dem Todten und den Trägern des Lebens sind die Fermente für die Erfassung protoplasmatischer Thätigkeiten von eminenter Bedeutung. Man kann sie nicht belebt nennen, aber noch weniger sie mit anderen Zellproducten auf eine Stufe stellen. Da sie nun auch wie die Zellen ihre Wirkungen nur innerhalb gewisser Temperaturen äussern, dürfte es zweckmässig sein, die bezüglichen Verhältnisse zunächst an ihnen als einfacheren Objecten zu betrachten.

Für jedes Ferment lässt sich eine Temperatur ermitteln, bei der es mehr Umwandlungsproducte liefert, als bei jeder anderen. Das ist seine optimale Temperatur.

Man denke sich jetzt ein Ferment unter sonst günstige Bedingungen gebracht, jedoch bei einer sehr niedrigen Temperatur, die es ihm nicht gestattet, seine specifische Wirkung zu entfalten. Man erwärmt allmälig; da beginnt bei dem gewissen Wärmegrade die Zersetzung. Sie steigert sich mit der Zunahme der Temperatur immer mehr, um schliesslich, wenn die optimale Temperatur überschritten ist, wieder abzunehmen und zu sistiren, wenn die obere Grenze erreicht wird.

Eine ganz schematische Curve (Fig. I) soll diesen Vorgang versinnlichen. Die Abscissen entsprechen den Tempe-

---

*) Pflügers Arch. f. d. ges. Physiologie 1876.

raturen, die Ordinaten den in der Zeiteinheit entwickelten Umwandlungsproducten. Die optimale Temperatur ist durch die Abscisse des Culminationspunktes der Curve dargestellt.

Wir setzen nun an Stelle des Fermentes eine Zelle mit wärmeentbindendem Stoffwechsel. Auch von ihr kann man mit Bestimmtheit behaupten, dass sie sich nicht bei allen innerhalb ihrer Lebensbreite gelegenen Temperaturen gleich verhalten werde. An ihrer unteren und oberen Lebensgrenze erlischt ihr Stoffwechsel, er ist matt in der Nähe derselben und bei irgend einer Temperatur oder einer kurzen Reihe nebeneinander liegender Temperaturen lebendiger als bei allen anderen. Man kann also das für das Ferment aufgestellte Schema

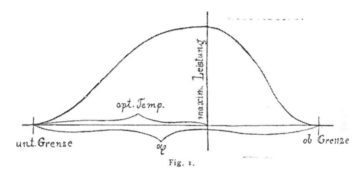

Fig. 1.

unverändert auch für die Zelle gelten lassen, wenn man die durch die Abscissen ausgedrückten Temperaturen für die Innentemperaturen des Protoplasmas nimmt.

Es wurde nun eine Zelle vorausgesetzt, welche durch ihren Stoffwechsel Wärme entbinde. Folglich erwärmt sich ihr Leib um so mehr, je lebhafter ihr Stoffwechsel ist. Unterhalb und oberhalb der Lebensbreite der Temperatur ist sie nicht wärmer als ihre unmittelbare Umgebung; je mehr sie sich ihrer optimalen Temperatur nähert, desto höher steht sie über ihrer Umgebung. Fig. 2 ist ein Schema, welches dieses Gesetz mit allen seinen wichtigen Folgerungen zum Ausdrucke bringt. Die gerade Linie *ab* entspricht einer continuirlich gesteigerten Umgebungstemperatur, welche in jedem Punkte der Ordinate desselben proportional gedacht ist. Bis

zu dem Punkte *u*, der die untere Temperaturgrenze versinn-
licht, sieht man Innen- und Aussentemperatur zusammen
geradlinig ansteigen, was auch ganz natürlich ist, denn bis
dahin existirt der Stoffwechsel unserer Zelle noch nicht. Hier
aber erwacht er allmälig und er hebt, indem er sich steigert,
die Curve der Innentemperatur immer mehr von der Geraden
ab, bis dieser Abstand bei *opt*, der Stelle der optimalen Temperatur sein Maximum erreicht. Hierauf vermindert er sich
continuirlich und verschwindet an der oberen Grenze der
Lebensbreite, bei *o*.

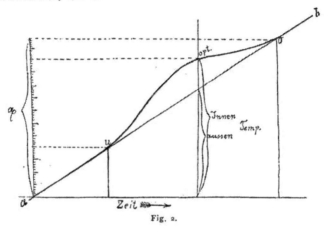

Fig. 2.

Es frägt sich nun, wodurch die speciellen Eigenschaften
der Curve bestimmt werden. Die Gestalt der Curve, welche man
in eine steile Hälfte *u opt* und das Plateau *opt o* eintheilen kann,
hängt vor Allem ab von der Lebhaftigkeit des Stoffwechsels
der Zelle. Wenn derselbe schwach und deshalb die frei-
werdenden Wärmemengen gering sind, dann hebt sich die
Curve wenig ab und es nähert sich deren Steilheit sowie das
Plateau ziemlich der Geraden *a b*. Ist er aber lebhaft und
entbindet grosse Wärmemengen, dann gestaltet sich die Curve
zu einer starken Convexität, deren Plateau der Horizontalen
zustrebt.

Der zweite maassgebende Factor ist der Inbegriff alles
dessen, was den Ausgleich der Innen- und Aussentemperatur

beeinflussen kann. Er sei der Kürze wegen als thermische
Isolirung bezeichnet. Eine grosse Anzahl verschiedener Umstände gehört in dieses Gebiet, auf welches wir in einem der
folgenden Capitel ausführlich zu sprechen kommen werden.
Hier sei nur so viel gesagt, dass eine Zelle dann besser isolirt zu nennen ist als eine andere, wenn sie bei gleichen
Temperaturverhältnissen an ihre Umgebung weniger Wärme
verliert als jene. Wäre eine vollständige Isolirung denkbar,
dann würde bei einer solchen sich die Zelle, so bald ihr
Stoffwechsel in Gang käme, bis nahe an die obere Temperaturgrenze erwärmen und dann denselben einstellen. Von
der Umgebungstemperatur wäre sie ganz unabhängig. Im
entgegengesetzten Falle, wenn der Ausgleich sofort und vollständig stattfände, stiege innerhalb der Zelle bei allmäliger
Wärmezufuhr die Temperatur ebenso in Gestalt der Geraden
a b an wie ausserhalb. Dazwischen liegt die Wirklichkeit und
nähert sich je nach der Vollkommenheit der Isolirung bald
mehr dem einen bald dem anderen Extrem. Es sei dieses an
einem Beispiele (Schema Fig. 3) dargelegt. Es sei eine Zelle,
welche ihre optimale Temperatur bei 37° C., ihre untere Grenze
bei 5° C., ihre obere Grenze bei 45° C., hätte. Diese Zelle sei

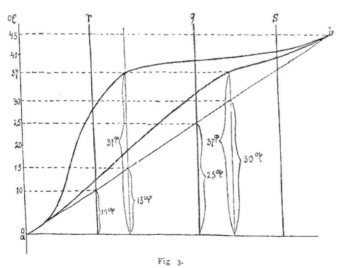

Fig. 3.

von lebhaftem Stoffwechsel und thermisch gut isolirt. Eine andere
hätte dieselben Wärmeconstanten wie die erste, unterscheide
sich aber von ihr dadurch, dass in ihr in der gleichen Zeit weniger Wärme frei werde oder dass sie schlechter isolirt sei.

Man sieht aus dem Schema, wie verschieden sich die
beiden Zellen bei allmäligem Ansteigen der Umgebungstemperatur verhalten. Wenn dieselbe die Höhe von 15° erreicht
hat, ist in der ersten Zelle die Temperatur in steilem Bogen
bereits zu dem Optimum von 37° gelangt; erst viel später, in
einer Umgebung von 30° bringt dieses der Stoffwechsel der
Zweiten zu Stande. Ferner ist das Plateau der Ersten lang
und fast horizontal, das der Zweiten kurz und schief.

Ich denke mir nun, die beiden Zellen lebten in einer Umgebung, deren Temperatur zwischen 15 und 35° C. schwankte.

Ich untersuchte ihre Innentemperaturen zu verschiedenen
Zeiten und ebenso die Menge der durch ihren Stoffwechsel
gelieferten Endproducte. Da fände ich, dass die Zelle I, wie
aus dem Schema ohne Weiteres ersichtlich ist, mit den
Schwankungen der Umgebung nur wenig Schritt hielte. Sie
würde sich nur wenig erwärmen, wenn diese heisser würde,
und sich auch nur wenig abkühlen, wenn das Gegentheil
einträte, also eine überraschende Constanz der Temperatur
zeigen. Noch merkwürdiger wären die Resultate der chemischen Untersuchung; denn diese würden eine Abnahme des
Stoffwechsels bei der Steigerung, eine Zunahme desselben
beim Abfall der Umgebungstemperatur zum Ausdrucke bringen,
gerade so, als wollte das Protoplasma durch einen regulato-
rischen Vorgang seine Innentemperatur vor Schwankungen
schützen. Die Zelle würde sich eben ganz so benehmen wie ein
homöothermes Thier. — Nicht so die zweite Zelle. Diese zeigte
kaum eine Andeutung dieser Verhältnisse bei Erwärmungen
zwischen 30 und 35°. Sie böte ganz das Bild, um dessent-
willen man die grosse Mehrheit des Protoplasmas als poikilotherm einem geringen Bruchtheile desselben entgegenstellt.
Ihre Innentemperatur stiege und fiele mit derjenigen der Umgebung, und ebenso verhielte sich meist der Stoffwechsel. Dennoch leben beide nach einem und demselben Grundprincipe;
und diejenigen Protoplasmen, welche scheinbar ihre Temperatur

constant erhalten und ihren Stoffwechsel regulieren, haben darum vor den anderen, welche dieses nicht thun, keinen Apparat voraus, der ihnen zur Erreichung solcher Zwecke beigegeben wäre. Es ist Alles nur die natürliche Folge eines lebendigeren Stoffwechsels und eventuell auch einer besseren Isolirung, welche bewirken, dass im Inneren des Zelleibes das Optimum der Temperatur überschritten wird. — Es gehen zugleich aus dem Gesagten die Grenzen hervor, über welche hinaus die compensatorischen Vorgänge nicht reichen können. Sinkt die Umgebungstemperatur so tief, dass im Inneren der Zelle die optimale Temperatur nach unten überschritten wird, dann correspondirt gleichsinnig mit jeder äusseren Schwankung eine noch grössere innere in Bezug auf Temperatur und Stoffwechsel. Steigt sie hingegen bis über die Functionsgrenze, dann folgt das Protoplasma nach Einstellung seiner Lebensthätigkeiten als ein vollständig passiver Körper.

Aus dem hier für eine einzelne Zelle entwickelten Gesetze geht schon die Unvollkommenheit der Wärmeconstanz und -Regulirung hervor. Die Innentemperatur bleibt nicht genau auf einem Punkte stehen, sondern sie schwankt um ein weniges mit ihrer Umgebung auf und ab.

In vollkommener Reinheit kann man das Gesetz in den Erscheinungen, die das Experiment hervorzubringen vermag, kaum demonstriren, sondern es wird zum Theile durch eine Reihe concurrirender Phänomene verdeckt. Bei einem zusammengesetzten Organismus wird nicht nur, wie später ausführlich besprochen werden soll, jede Schwankung der umgebenden Temperatur schon an der Oberfläche des Körpers durch Umsetzungen lebendiger Kräfte theilweise umwirksam gemacht und die thermische Isolirung geändert, sondern es ist die Zellsituation im warmblütigen Thiere, das uns hier zunächst interessirt, eine solche, dass der Elementarorganismus auf allen Seiten von Seinesgleichen umgeben, nicht dem directen Angriff einer Temperaturschwankung des Mediums, das den ganzen Zellenstaat umschliesst, ausgesetzt ist. In Folge der weitgehenden Arbeitstheilung führt er bei der einseitigen Ausbildung seiner Kräfte ein parasitäres Dasein. Es umspülen ihn die warmen Wellen des Blutes, aus dem er seine Nahrung saugt und das Lymphgefässsystem entfernt seine Excrete. Seine Lebensweise regelt und beherrscht das fernab liegende centrale Nervensystem, mit dem es durch protoplasmatische Stränge verbunden ist und das ihm auch durch Veränderungen der Gefässweiten seine Nahrung bemisst. So nimmt die Einzelzelle an den Schicksalen des Gesammtorganismus auf zweierlei Weise theil: durch die Veränderungen des ihr zuströmenden Blutes und durch nervöse Einflüsse, welche weiterhin reflectorisch die Reaction auf ein peripheres Trauma sein können.

Nachdem die verschiedenen, auch der Temperatur nach differirenden Blutarten im Herzen zu einem gleichartigen Gemenge vermischt wurden, schiesst dieses in die Aorta und die grossen Gefässe ein, um in wenigen Sekunden an die Orte des Verbrauches zu gelangen. Bis dahin ändert das Blut wohl kaum wesentlich seine Temperatur, sondern es geschieht dieses erst dort, wo seine Oberfläche durch die Zertheilung seines Strombettes eine ungeheuere wird. So bekommen alle Zellen gleich warmes Blut. Nun ist zwar jede Zelle durch ihren Stoffwechsel eine Quelle der Wärme, es sind aber die Bedingungen für die Entziehung derselben zum grossen Theile so günstig, dass die ganze Organmasse kälter ist als das arterielle Blut, und man die Gewebe eintheilen kann in solche, welche das Blut erwärmen und in solche, welche es abkühlen, beziehungsweise Wärme von ihm empfangen.

Besonders für die Letzteren kann natürlich das Schema, das im Vorgehenden aufgestellt wurde, in seiner primitiven Form nicht gelten, weil es nicht angeht, von einer einheitlichen Temperatur selbst der einzelnen Zelle zu sprechen. Je nach der Art ihrer Situation und ihres Stoffwechsels müssen jene Stellen, an denen sie die Capillarwand berührt, wärmer oder kälter sein als ihre übrigen Partien, so dass es nicht nur eine Wärmetopographie des Körpers, sondern auch der Zelle geben könnte, welche vielleicht für die Erklärung der elementaren Functionen nicht ohne Bedeutung wäre. Für unseren speciellen Zweck muss die mittlere Temperatur des Zellleibes als massgebend genommen werden.

III. Gährungsversuche.

Von der Überlegung ausgehend, dass dasjenige, was man als eine für jedes Protoplasma giltige Reaction betrachten soll, am klarsten dort zum Ausdrucke gelangen muss, wo man nicht durch das Dazwischentreten so complicirter Organsysteme wie der Blutgefässe und Nerven des thierischen Organismus verwirrt wird, wandte ich mich an die Pflanze.

Da es von dem Samen der Getreidearten bekannt ist, dass sie sich während der Keimung stark erhitzen, wählte ich diese u. z. Roggensamen. Ich füllte Gefässe mit denselben und mass bei verschiedenen Umgebungstemperaturen diejenigen, die im Inneren der Gläser herrschten, konnte aber nichts mehr als bestätigen, was man seit Langem weiss, dass der Stoffwechsel der keimenden Samen mit der Temperatur zunahm; denn es trat bei der Erwärmung bis zu jenen Höhen, wo ein Umschlag zu erwarten war, ein Umstand ein, der später noch in gewisser Beziehung gewürdigt werden soll, die Schimmelbildung, welche sofort ein verändertes Verhalten bewirkte.

Zu demselben dürftigen Resultate führten Versuche, die ich an Larven, den sogenannten Mehlwürmern, anstellte, und welche an der Unverlässlichkeit des hiezu benützten Brutofens bei höheren Temperatuen scheiterten.

Das nächste Object, von dem ich mir einen Erfolg versprach, war die gährende Bierhefe, deren Wärmeproduction schon vielfach untersucht worden ist.

Ich begann meine Gährungsversuche im pflanzenphysiologischen Institute des Herrn Prof. Wiesner, der mir nicht nur auf das Bereitwilligste alle Hilfsmittel zur Verfügung stellte, sondern mir auch mit seinem Rathe zur Seite stand, als ich daran gieng, in diese mir bis dahin vollständig fremde Disciplin einzudringen. Ich hatte damals die Absicht, die Temperatur gährender Flüssigkeiten zu messen, wie es Du-

brunfaud gethan. Doch dieser hatte es mit ungeheueren
Flüssigkeitsmengen zu thun, während ich an einem Liter
Zuckerlösung experimentirte; in welchem sich die von wenigen
Grammen gährender Hefe erzeugten Wärmemengen vertheilten.
Es waren daher die bei Beeinflussungen des Prozesses ein-
tretenden Temperaturschwankungen so gering, dass sie sich
noch innerhalb der muthmasslichen Fehlergrenzen abspielten.

Ich sah infolge dessen bald ein, dass ich nur dann zum Ziele
gelangen könne, wenn ich als Maass für die freigewordenen
Mengen lebendiger Kräfte die erzeugten Gase nahm, wobei
natürlich hauptsächlich an die aus der Gährungsflüssigkeit
entweichende Kohlensäure gedacht werden musste, wie es in
sehr zahlreichen Untersuchungen bereits geschehen ist. Da
mich vor Allem die Schwankungen der Stoffwechselgeschwindigkeiten interessirten, also der in der Zeiteinheit ausgeschiedenen Kohlensäure, war für mich der Liebig'sche Kaliapparat,
der nur so grosse Gasmengen verlässlich anzuzeigen vermag,
als in grösseren Zeiträumen ausgeschieden werden, wenn
nur, wie in meinen Versuchen 15 *gr* Hefe angesetzt werden,
musste ich volumetrisch messen. Ich gieng dabei anfangs
so vor, dass ich ein auf einer Seite geschlossenes Glasrohr mit Wasser füllte, es mit dem offenen Ende in ein ebenfalls mit Wasser gefülltes Gefäss tauchte und nun ein ge-
bogenes Rohr, das mit dem Gährkolben in Verbindung stand
so unter die Öffnung brachte, dass die aufsteigenden Gas-
blasen die Flüssigkeit aus dem ersten Glasrohre verdrängten
und es schliesslich ganz erfüllten. Die Secunde des Aufstieges
der ersten Blase und ebenso diejenige der letzten wurden
notirt. So entstanden die Tabellen der Versuche vom 21.
und 22. Jänner 1892.

Daraus entwickelte sich die in Fig. 4 dargestellte Anordnung. In dem mit Wasser gefüllten Topfe B befinden
sich die beiden Gährkolben I und II. Derjenige von ihnen,
dessen Gährungsintensität eben gemessen wird, I, ist mit
einem doppelt durchbohrten Kautschukpfropf verschlossen.
Durch diesen gehen zwei gebogene Glasröhrchen, von denen
das eine mit einem kurzen Schlauch in Verbindung und durch
das Glasklötzchen c verschliessbar ist, während an das andere

der lange Gummischlauch b, b, b angefügt ist. Dieser führt,
wenn das Klötzchen c eingefügt wird, das entweichende Gas
durch das Kühlgefäss K, welches die Bestimmung hat, die

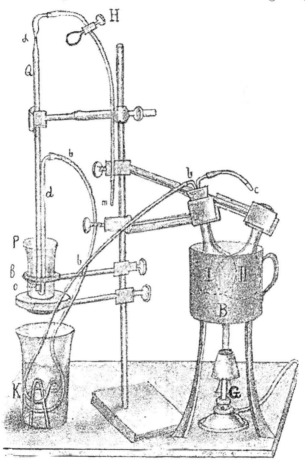

Fig. 4.

Temperatur des Gases während der Dauer des Versuches
auf annähernd gleicher Höhe zu erhalten. Vom Schlauche
b geht die Kohlensäure durch das gebogene dünne Glasrohr
d und entweicht innerhalb des kleinen Becherglases P aus

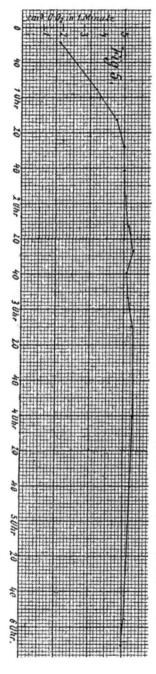

der Spitze o. Das Becherglas ist mit Petroleum gefüllt. Vor jedem Versuche wird durch das Glasröhrchen m, welches mit dem ausgezogenen Ende des Messrohres Q durch einen kurzen Schlauch verbunden ist, das Petroleum genau bis zur Marke α aufgesaugt und der Quetschhahn H geschlossen. Hierauf wird das Klötzchen c eingeschoben und die Zeit, in welcher die erste Gasblase die Spitze o verlässt, angemerkt. Die Blasen steigen in dem Massrohre auf, das Petroleumniveau in demselben sinkt. Sobald dasselbe die untere Marke β erreicht, wird die Zeit wieder notirt, und die Messung ist vollendet. Auf diese Art kann man die Messungen sehr rasch aufeinander folgen lassen und ziemlich detaillirte Curven erhalten, wie aus der Folgenden hervorgeht.

Diesen Apparat stellte ich im chemischen Institute des Herrn Hofrathes Prof. E. Ludwig zusammen und danke demselben an dieser Stelle für die gütige Überlassung des dazu gehörigen Materiales.

Der Versuch vom 21. Jänner 1892 hatte den Zweck, den Verlauf der Gährung von 15 g Bäckerhefe in 150 cm^3 einer 10procentigen Rohrzuckerlösung zu untersuchen. Wir theilen das zugehörige Blatt aus unserem Versuchsprotokolle mit. Darin sind Beginn und Ende jeder Messung und die durch Subtraction gewonnene Zeitdauer verzeichnet, welche die

Hefe brauchte, um das Messrohr, welches hier 62 cm^3 fasste, mit Kohlensäure anzufüllen. Da es uns nur auf die relativen Schwankungen ankam, konnten wir auf die Bestimmung des Luftdruckes verzichten.

Gährungsversuch vom 21. Jänner 1892. 11 h 55' werden 15 gr Hefe in 150 cm^3 10%iger Rohrzuckerlösung angesetzt.

Beginn	Ende	Dauer	Anmerkung.
der Entwickelung von 62 cm^3 CO_2.			
12 h 12' 30"	12 h 45'	32' 30"	Lufttemp. 15° C.
47'	1 h 3' 15"	16' 15"	
5' 2"	18' 12"	13' 10"	
20' 58"	33' 18"	12' 20"	
35' 29"	47' 45"	12' 16"	
49' 4"	2 h 1' 6"	12' 2"	
2 h 4' 57"	16' 42"	11' 45"	
18' 55"	30' 7"	11' 12"	
33'	44' 48"	11' 48"	
47' 1"	58' 43"	11' 42"	
3 h 3' 30"	3 h 14' 41"	11' 11"	
4 h 9' 5"	4 h 20' 23"	11' 18"	
5 h 43'	5 h 54' 48"	11' 48"	
55' 15"	6 h 7' 12"	11' 57"	
6 h 9' 30"	21' 45"	12' 15"	Lufttemp. 18° C.

Aus den Zeitdauern erhalte ich die Stoffwechselgeschwindigkeiten, indem ich die constante CO_2menge von 62 cm^3 durch sie dividire. Trage ich nun auf käuflichem Millimeterpapier von einer Horizontalen, auf welcher die Zeiten angemerkt sind, Ordinaten auf, welche den Stoffwechselgeschwindigkeiten proportional sind, so erhalte ich eine Curve wie Fig. 5, welche sehr anschaulich den Verlauf der Gährung ausdrückt, wenn von Aussen gar nicht auf dieselbe eingewirkt wird, und man kann andererseits künstlich alterirte Curven mit dieser vergleichen, um das ihnen Eigenthümliche zu constatiren. Freilich darf man dabei nicht vergessen, dass die gewöhnliche bei den Bäckern käufliche Getreidehefe vielfach gefälscht und dadurch in ihrer Gährkraft variabel ist, sowie ferner, dass der Luftdruck durch seine Schwankungen die Resultate beeinflussen muss.

Die Erscheinungen aber, denen wir hier begegnen werden, sind von solchem Umfange, dass wir uns unsere Aufgabe füglich durch vollständige Ignorirung jener Beziehungen vereinfachen konnten.

Zuerst stellte ich eine Reihe von Versuchen an, in welchen der Einfluss der Temperatur auf den Stoffwechsel beobachtet werden sollte. Es wurde nämlich durch den Bunsenbrenner G das Wasser, in welchem sich der Gährkolben befand, erwärmt.

Versuch vom 29. Jänner 1892. Langsame Steigerung der Temperatur bis 30·7° C. Hierauf allmälige Abkühlung. Einguss von 5 cm^3 warmen Wassers.

12 h 15′ Mischung von 15 gr Hefe mit 150 cm^3 10%iger Rohrzuckerlösung.

Beginn	Ende	Dauer	Temperatur in dem		
der Entwickelung von 49 cm^3 CO$_2$			Topfe	Gähr-kolben	Kühl-gefäss
3 h 20′ 22″	30′ 55″	10′ 33″	20·3°C	—	20·4°C
42′ 15″	52′ 8″	9′ 53″	20·3	20·6°C	
53′ 28″	4 h 2′ 3″	8′ 35″	—	20·6	
Die grossen Siemensbrenner werden im Laboratorium angezündet.					
4 h 4′ 35″	12′ 32″	7′ 57″	20·6	20·6	
15′ 55″	23′ 44″	7′ 49″	20·6	20·7	20·8
25′ 31″	34′ 4″	8′ 33″	20·7	20·8	
4 h 38′ wird unter dem Topfe eine ganz kleine Flamme angezündet.					
38′ 58″	45′ 24″	6′ 26″	22·8	22·4	21·1
47′ 55″	53′ 40″	5′ 45″	26·0	24·2	
56′ 43″	5 h 2′ 48″	5′ 5″	28·5	27·3	21·6
5 h 4′ 23″	8′ 7″	3′ 44″	29·8	28·8	
9′ 45″	12′ 42″	2′ 57″	30·8	30·5	21·7
5 h 14′ wird die kleine Flamme ausgelöscht.					
14′ 20″	17′ 32″	3′ 12″	30·6	30·7	21·7
19′ 29″	22′ 39″	3′ 10″	30·4	30·7	21·7
24′ 25″	28′ 44″	4′ 19″	30·1	30·4	
29′ 6″	32′ 55″	3′ 49″	29·2	30·0	
34′ 17″	38′ 20″	4′ 3″	29·0	29·6	21·8
40′ 38″	44′ 50″	4′ 12″		29·2	
5 h 48″ Einguss von 5 cm^3 warmen Wassers. Nach dem Aufbrausen:					
48′ 57″	54′ 24″	5′ 27″		29,4	

Versuch vom 17. Jänner 1892. Rasche Erwärmung bis 32·7°C und Erhaltung der Temperatur auf dieser Höhe.

12 h 10' Mischung von 15 *gr* Hefe mit 150 *cm*³ einer 10%iger Rohrzuckerlösung.

Beginn	Ende	Dauer	Temperatur im	
der Entwickelung von 49 *cm*³ C O₂.			Topfe	Gährkolben
2 h 46' 35"	54' 53"	8' 18"	19·9°C	20·1°C
55' 53"	3 h 6'	10' 7"		
3 h 6' 48"	14' 38"	7' 50"		
15' 35"	27' 53"	12' 18"		
23' 57"	31' 47"	7' 50"	20·1	
32' 35"	39' 58"	7' 23"		
40' 58"	47' 43"	6' 45"	20·1	20·3
50' 34"	57' 25"	6' 51"	20·2	20·3

4 h. Der Brenner wird unter dem Topfe angezündet.

Beginn	Ende	Dauer	Topfe	Gährkolben
4 h 0' 50"	4 h 4' 58"	4' 8"	30·0	23·8
6' 30"	9' 15"	2' 45"	30·6	28·6
10' 36"	13' 7"	2' 31"	32·5	30·8
14' 37"	17'	2' 23"	31·9	30·6
18' 30"	21'	2' 30"	31·6	31·8
22' 47"	25' 13"	2' 26"	32·1	32·3
26' 41"	29' 14"	2' 33"	32·2	32·5
30' 42"	33' 22"	2' 40"	32·2	32·6
35' 13"	37' 58"	2' 45"	32·0	32·6
40' 13"	43' 2"	2' 49"	32·0	32·5
44' 53"	47' 52"	2' 59"	32·1	32·5
49' 27"	52' 23"	2' 56"	32·0	32·5
54' 45"	57' 50"	3' 5"	31·9	32·3
59' 45"	5 h 2' 48"	3' 3"	32·0	32·7
5 h 4' 53"	8' 2"	3' 9"	32·3	32·7
10' 21"	13' 36"	3' 12"	32·2	32·7
15' 19"	18' 36"	3' 7"	32·2	32·6
20' 30"	23' 42"	3' 12"	32·2	32·6
25' 12"	28' 42"	3' 30"	32·1	32·55
30' 32"	34' 22"	3' 50"	32·1	32·55
36' 17"	40' 12"	3' 55"	32·0	32·4
41' 52"	46' 3"	4' 11"	31·95	32·4
47' 41"	52' 31"	4' 50"	32·0	32·6
54' 10"	59' 28"	5' 18"	32·3	32·7
6 h 0' 48"	6 h 7' 52"	7' 4"	32·2	32·4

Versuch vom 28. Jänner 1892. Rasche Steigerung der Temperatur bis 42° C. Hierauf Erhaltung derselben auf dieser Höhe.

12 h 5' Mischung von 15 gr Hefe mit 150 cm^3 10%iger Zuckerlösung.

Beginn	Ende	Dauer	Temperatur im		
der Entwickelung von 49 cm^3 CO_2			Topfe	Gähr-kolben	Kühl-gefässe
3h 29'			20·9° C	21·4° C	17·1°C
30' 25"	40' 15"	9' 50"			
41' 15"	51' 32"	10' 7"			
52' 25"	4 h 1' 17"	8' 51"	20·9		19·5
4 h 2' 20"	10' 42"	8' 32"			
11' 50"	19' 52"	8' 2"	20·9		19·5
4 h 38' wird die Flamme unter dem Topfe angezündet.					
4 h 45"			40·3	33·5	
47' 18"	49' 2"	1' 44"	40·5	38·0	
50' 24"	52' 5"	1' 41"	40·5	39·5	
53' 34"	55' 25"	1' 51"	40·5	40·3	21·1
46' 41"	58' 34"	1' 53"	40·5	41	
5 h 36"	5 h 2' 48"	2' 12"	40·5	41	21
4' 32"	6' 37"	2' 5"		41·2	
7' 56"	10' 10"	2' 14"	40·4	41·3	
12'	14' 23"	2' 23"	40·1	41·1	21·4
16' 42"	18' 56"	2' 14"	40·7	41·6	
20' 43"	23' 11"	2' 28"	40·8	41·5	21·5
25' 36"	28' 12"	2' 46"	40·6	41	
30' 33"	33' 15"	2' 42"	40·2	40·5	21·7
34' 53"	37' 41"	2' 48"	40	41·1	21·9
41' 7"	43' 50"	2' 43"	41·4	42	
45' 43"	48' 52"	3' 9"	40·6	42	22·1
50' 31"	54' 3"	3' 42"	42·2	41·9	
55' 58"	59' 53"	3' 55"	41·7	41·7	22·3
6 h 1' 58"	6 h 6' 13"	4' 15"	41·2	41·5	
10' 43"	16'	5' 17"	40·7	41·2	

Versuch vom 1. Februar 1892. Rasche Erwärmung bis 52°C.
12h 15′ Mischung von 15 *gr* Hefe mit 150 *cm³* 10%iger Rohrzuckerlösung.

Anfang	Ende	Dauer	Temperatur im		
der Entwickelung von 49 *cm³* CO_2			Topfe	Gähr-kolben	Kühl-gefässe
3h 19′ 54″	3h 29′	9′ 6″	20·2° C	20·4° C	20·1 °C
30′ 5″	40′ 57″	10′ 52″			

3h 42′ wird der Brenner unter dem Topfe angezündet.

Anfang	Ende	Dauer	Topfe	Gähr-kolben	Kühl-gefässe
42′ 35″	49′ 50″	7′ 15″	24·5	22·3	
50′ 45″	56′	5′ 15″	28·5	25·8	20·6
57′ 5″	4h 23″	3′ 18″	31·5	28·4	
4h 1′ 30″	3′ 52″	2′ 22″	32·8	30·4	
4′ 52″	7′ 7″	2′ 15″	34·7	31·9	
8′ 3″	10′ 10″	2′ 7″	36·2		
11′ 15″	13′ 15″	2′ 0″	37·4	35·0	
14′ 13″	16′ 0″	1′ 47″	38·9	36·4	
17′ 8″	18′ 52″	1′ 44″	40·0	37·9	
20′ 3″	21′ 43″	1′ 40″	41·2	39·3	
23′ 6″	24′ 45″	1′ 39″	42·8	40·7	21·3
26′ 2″	27′ 42″	1′ 40″	43·4	41·9	
28′ 50″	30′ 31″	1′ 41″		43·1	
31′ 31″	33′ 11″	1′ 40″	46·2	44·5	
34′ 30″	36′ 15″	1′ 45″	46·6	45·5	
37′ 45″	39′ 39″	1′ 53″	50·0	47·0	
40′ 55″	43′ 3″	2′ 8″		48·2	
44′ 3″	46′ 33″	2′ 1″	53·0	50·0	
48′ 52″	51′ 28″	2′ 36″	54·0	52·0	22·5
52′ 37″	5h 0′ 0″	7′ 23″		52·0	

Um die Resultate, die sich aus den vorstehenden Tabellen ergeben, erklären und Folgerungen aus ihnen ziehen zu können, ist es nothwendig, dieselben in eine anschauliche Form zu bringen nach Art der in Fig. 5 dargestellten Stoffwechselcurve. Wir lassen daher zunächst die nebenstehende Fig. 6 folgen, welche dem Verlaufe des Stoffwechsels in dem Versuche vom 29. Jänner 1892 entspricht. Am Beginn des Versuches scheidet die Hefe bei einer Innentemperatur von 20.6° C.; welche die des Umgebungswassers kaum um 0·2° C.

übersteigt, 4.7 *cm³* Kohlensäure in der Minute aus. Man kann also mit Beziehung auf das im vorigen Capitel Gesagte nicht behaupten, dass diese Hefezellen einen geringen Stoffwechsel hätten; was aber den thermometrischen Effect fast bis zum Verschwinden beeinträchtigt, ist die äusserst mangelhafte thermische Isolirung.

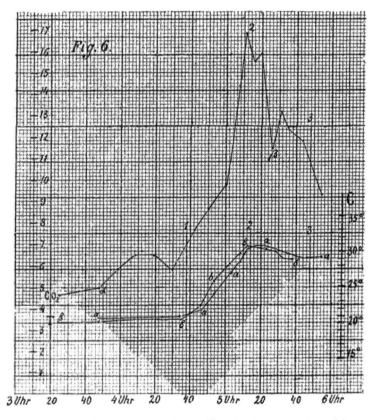

Es sind hier eine Anzahl Zellen in der 10 fachen Menge eines relativ guten Wärmeleiters vertheilt mit dem sie überdies durch eine ungeheure Oberfläche in Berührung sind, denn es ist jede einzelne Zelle vollständig von demselben umspült. Da das Gährgefäss ebenfalls in Wasser taucht, sind für den Ausgleich der Temperatur sehr günstige Verhältnisse geschaffen.

Das Anfangsstück der Curve verläuft langsam ansteigend bis zu dem Punkt α, wo sie plötzlich nach aufwärts schnellt, um nach 30 Minuten wieder ziemlich brüsk der Abscissenaxe zuzustreben. Weder in der Linie b b, noch in der mit a a bezeichneten, von denen die erstere der Temperatur des Aussenwasser, die letztere jener der Gährflüssigkeit entspricht, sind im Stande, diese momentane Steigerung der Kohlensäureausscheidung zu erklären. Im Protokolle aber findet sich die Anmerkung, dass um diese Zeit die grossen, mit mächtigen Reflectoren versehenen Siemensschen Gas-Regenerativbrenner angezündet wurden. Wir zögern keinen Augenblick, die beiden Thatsachen in causalen Zusammenhang zu bringen, nachdem es uns immer gelang, wenn wir darauf achteten, ihre Gleichzeitigkeit nachzuweisen.

Es geht daraus Zweierlei hervor : erstens, dass die direkte Licht- und Wärmestrahlung ein Reiz ist, was speciell für die gährende Hefe geleugnet wird, *) das Zweite ist ein Umstand, der uns hier zum ersten Male begegnet, nämlich, dass ein Reiz, auch wenn er fortdauert, nur kurze Zeit wirksam ist. Es ist interessant, bei einzelligen Organismen ein Princip wiederzufinden, welches mit zu den Grundlagen hochcomplicierter psychophysischer Probleme gehört, das Phänomen der Ermüdung.

Der Punkt 1 bezeichnet jenen Moment, in welchem unter dem Topfe eine kleine Flamme angezündet wurde, um das Wasserbad langsam zu erwärmen. Beide Temperaturlinien steigen demgemäss in die Höhe. Zugleich mit ihnen erhebt sich die Stoffwechselcurve. Dieser Anstieg ist jedoch nicht ganz die Folge einer durch die Erwärmung eingetretenen Mehrproduction von Kohlensäure. Es wird nämlich eine grosse Menge des in der Flüssigkeit gelösten Gases bei Steigerung der Temperatur ausgetrieben. Diese Austreibung ist nicht in einem Momente vollendet und dauert daher auch noch in die 2. Periode des Versuches hinein, in welcher die

---

*) Pflüger im Archiv f. Physiol., Bd. XVIII. 1878.

Temperatur nicht mehr gesteigert wird. Die durch die Wärme ausgetriebenen Gasmengen nehmen natürlich bei sistirter Wärmezufuhr allmälig ab und es sinkt die Kohlensäurecurve. Sie sinkt um so steiler ab, je sanfter der Anstieg war, denn, wenn dieser lange dauerte, wurde in seiner Zeit ein grösserer Theil des überschüssig gelösten Gases entbunden. Bei analogen Versuchen am Thiere spielt auch die Austreibung der Kohlensäure durch Erwärmen, beziehungsweise Absorption während der Abkühlung die gleiche Rolle.

Durch diese verwickelten Verhältnisse wird jedoch das, was in der Curve die Folge der Stoffwechselgeschwindigkeit ist, verdeckt. Dem Punkt 2 entsprechend wurde die kleine Flamme, welche das Wasserbad heizte, verlöscht, und die Temperatur sinkt von 30.7^0 C. langsam ab. Die Kohlensäureentbindung vermindert sich rasch innerhalb von 12 Minuten von 16 cm^3 per Minute auf 11·5 cm^3. Bis zu diesem Punkte (3 der Curve) scheint die durch Wärme bedingte Austreibung zu reichen und erst der folgende Theil ist der reine Ausdruck der Stoffwechselintensität. Bei 3 wurden mit Rücksicht auf die im 5. Capitel geschilderten Fieberversuche 5 cm^3 warmen Wassers eingegossen. Sie hatten nicht den geringsten Einfluss auf den Ablauf der Gährung.

Alle Stoffwechsellinien, welche wir durch Erwärmen gährender Flüssigkeiten erhielten, wenn gewisse, später zu besprechende, obere Temperaturgrenzen nicht überschritten wurden, zeigen einen gleichen Bau. Sie erheben sich steil, solange erhitzt wird, und bilden, indem sie sich, wenn die Temperatur nicht mehr steigt, rasch senken, eine Spitze. Hierauf folgt nach mässigem Erwärmen wie in Fig. 6 eine zweite Erhebung oder es vermindert bei höheren Temperaturen die Curve an dieser Stelle wenigstens in deutlicher Weise die Raschheit ihres Falles (Fig. 7 und 8). Die erste Spitze entspricht, wie erwähnt, der Kohlensäureaustreibung durch die Wärme, die zweite ist gewiss ein Product der Zellen selbst und sie zeigt, dass der Stoffwechsel seinen Höhepunkt später erreicht, als die Temperatur. Ebenso wie ein Muskel erst das Stadium der latenten Reizung vorübergehen lässt, bevor er sich contrahirt, so zeigt auch hier die Zelle

nicht sofort die Lebendigkeit des Stoffwechsels, die einer ihr
eben ertheilten Temperatur entspricht, sondern es vergeht
eine längere Zeit, bis das Protoplasma den neuen Bedingungen
sich accommodirt hat.

Wenn nun aber auch die Temperatur auf gleicher Höhe
erhalten wird, bildet sich doch kein so gleichmässiger Verlauf
der Gährung mehr aus, wie der in Fig. 5 dargestellte ist.
Der Grund ist sehr wahrscheinlich in der rasch fortschrei-
tenden Verdünnung der Zuckerlösung zu suchen. Denn
es zeigt sich dasselbe Verhalten, wenn man unter sonst
gleichen Verhältnissen die Hefemenge verdoppelt. Da entwickelt sich die Gährung rasch, fällt aber sofort nach Erreichung des Höhepunktes ab, ohne sich durch lange Zeit
annähernd auf der gleichen Höhe zu erhalten, wie es die in
den übrigen Versuchen verwendete Hefemenge bei gewöhnlicher Zimmertemperatur immer thut.

Die folgende Curve Fig. 7 ist aus den Daten des Versuches vom 17. Jänner 1892 construirt. Es wurde die Temperatur rasch auf 32·7⁰ C. getrieben und dann annähernd auf
dieser Höhe erhalten. Die Kohlensäureausscheidung steigt
rasch bis auf 21·2 cm^3, fällt dann bis auf 16·6 cm^3 in der Minute. Die Strecke des langsamsten Falles, mithin die für
die betreffende Temperatur charakteristische ist α β, welche
einer Kohlensäureentwickelung von 16·7 bis 15·4 cm^3 in der
Minute entspricht.

Es ist nothwendig, hier etwas über den Typus der durch
Temperatursteigerungen bei Gährungsversuchen resultirenden
Stoffwechselcurven einzuschalten. Wie bereits erwähnt, steigen
dieselben je nach der Raschheit der Erwärmung rasch an,
fallen dann jäh ab, bis zu einer gewissen Höhe, mässigen
ihren Fall in Gestalt eines nach oben convexen Bogens und
endigen mit einem ganz plötzlichen Absturz. Wenn, wie in
dem in Fig. 5 dargestellten Versuche die Umgebungstemperatur vom Anbeginne ziemlich constant bleibt, dann nimmt
die Ausscheidung der Kohlensäure, nachdem sich der Stoffwechsel vollständig entwickelt hat, ganz allmälig ab und
man kann sich dieses sehr gut damit erklären, dass im Verlaufe der Gährung die Zuckerlösung verdünnter wird. Sie

sinkt aber nicht continuirlich langsam bis an das Ende der Gährung, sondern sie vermindert sich in allen Versuchen ganz plötzlich auf ein Minimum, wenn die Zuckerlösung bis zu einem gewissen Grade der Verdünnung gelangt ist.

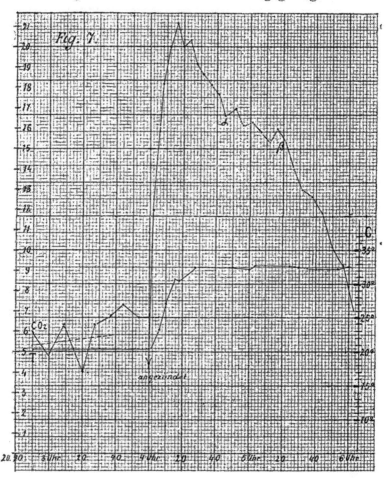

Auf Anregung und unter Leitung des Herrn Professors Wiesner hatte ich schon früher Versuche darüber unternommen, ob Hefe auch Spuren von Zucker aus einer Lösung

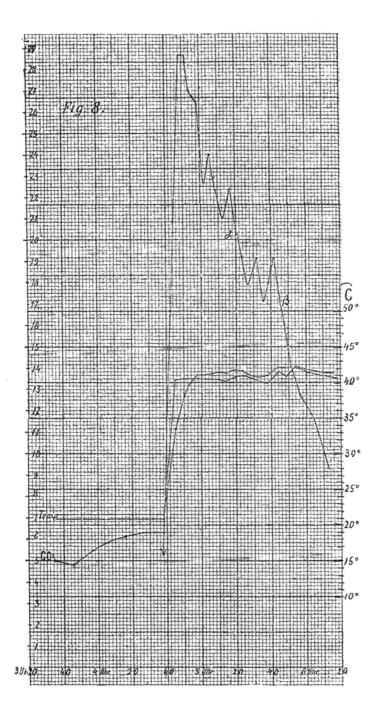

Fig 8.

durch Vergähren zum Verschwinden bringe. Wir bedienten uns zum Nachweise derselben der Naphtol-Reaction und fanden, dass sehr geringe Mengen von Zucker eine Hefezelle nicht zur Gährung anzuregen vermögen.

Nach dieser Erfahrung halten wir uns für berechtigt anzunehmen, dass der plötzliche Absturz am Ende eines jeden Gährungsversuches dadurch zu Stande komme, dass die verdünnte Lösung des Gährungsmateriales nicht mehr stark genug reize, um die Zellen auf der gleichen Höhe des Stoffwechsels zu erhalten.

In Fig. 8 (S. 35) findet man die Wirkung einer raschen Erwärmung auf 42° C. 'mit nachheriger Constanz der Temperatur (Versuch vom 28. Jänner 1892). Der Typus ist derselbe wie in den früheren Curven; bei β tritt der terminale Abfall ein; α β, nämlich das diesem vorhergehende Stück, ist für die Stoffwechselintensität bei dieser Temperatur charakteristisch. Es entspricht einer Kohlensäureauscheidung, welche von 20·3 auf 17 cm^3 in der Minute sinkt.

Wenn man bedenkt, dass bei 30·7° C. an dieser Stelle der Curve im Mittel 12 cm^3, bei 32·7° C., also einer nur um 2° C. höheren Temperatur, durchschnittlich 16 cm^3 in der Minute ausgeschieden wurden, dann ist es auffallend, dass um weitere 10° höher nicht mehr als 17—20 cm^3 in der Minute producirt werden. Es geht daraus hervor, was nach dem im vorigen Capitel Gesagten zu erwarten war, dass der Stoffwechsel nur bis zu einer gewissen Höhe mit der Temperatur gleichmässig ansteigt.

Um zu sehen, bei welcher Temperatur der Stoffwechsel gänzlich sistirt werde, wurde in dem Versuche vom 1. Februar 1893 das Wasserbad continuirlich erwärmt. Wenn man die bei α (Fig. 9) sichtbare Unregelmässigkeit, welche wohl durch die gleichzeitig in der Linie der Innentemperatur bei α, bemerkbare Knickung erklärbar ist, ignorirt, dann hat man bis zu dem Punkte β eine nach oben concave Linie. Bei dem langsamen Anstieg der Temperatur im Versuche vom 29. Jänner (Fig. 6) war der aufsteigende Schenkel der Kohlensäurecurve ebenfalls nach oben concav. Diese Concavität bedeutet, dass hier der Austritt von Kohlensäure nicht

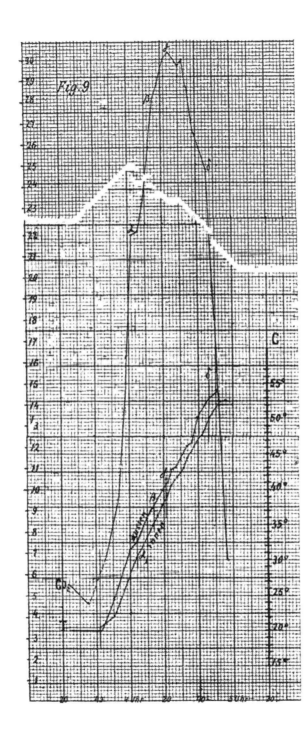

nur von Moment zu Moment zunimmt, sondern dass diese Zunahme auch noch wächst, dass die Beschleunigungen des Austrittes grösser werden. *)

Je rascher der Anstieg der Temperatur ist, desto mehr ist der Austritt der Kohlensäure naturgemäss dominirt durch das mechanische Austreiben, je langsamer der Anstieg ist, auf eine desto grössere Zeit vertheilt sich die Austreibung der gleichen Kohlensäuremenge und es sind die Eigenthümlichkeiten der Curve dann mehr den Veränderungen des Stoffwechsels entsprechend. Man kann also sagen, dass sehr wahrscheinlich bis zu dem Punkte β der Curve Fig. 9, mithin bis zu einer Temperatur von 36·4⁰ C. die Beschleunigungen des Stoffwechsels im Steigen begriffen sind. Von hier an nicht mehr. Hält man dieses damit zusammen, was sich aus der Betrachtung des Curvenpaares in der Fig. 12 ergibt, wo an den Punkten α, entsprechend den Temperaturen 35·0⁰ C. und 36·6⁰ C., sich eine gleichsinnige Abknickung geltend macht, so zeigt sich mit einer Uebereinstimmung, die bei der Art des Versuches und der unvermeidlichen Verschiedenheit des Materiales überraschen muss, dass ungefähr bei 36⁰ C. die Beschleunigung des Stoffwechsels am grössten ist.

Wenn die Beschleunigung des Stoffwechsels 0 wird **), ist die optimale Temperatur erreicht, in unserem Versuche bei γ, also bei einer Temperatur von 40·7⁰ C. Von hier an nimmt die Kohlensäureausscheidung allmählich ab, bis sie in der oberen Grenze der Lebensbreite der Temperatur gänzlich aufhört. Dieses scheint bei δ, nämlich einer Temperatur von 50⁰ C., der Fall. Doch ist in diesem Versuche nicht zu entscheiden, ob dieses nicht der vorhin besprochene durch die Verdünnung der Zuckerlösung bedingte terminale Absturz der Gährung ist.

Da in unserem Gährkolben die Temperatur mit der der Umgebung widerstandslos auf und niederschwankt, würde es niemandem einfallen, eine gährende Flüssigkeit anders als

*) Es wächst der Differentialquotient der Curve, resp. der Differentialquotient 2. Grades ist positiv.

**) In der Curve entspricht dieses dem Punkte, an dem der Differentialquotient 2. Grades = 0 wird.

poikilotherm zu nennen. Für die Hefezelle aber bedeutet dieses keine ihr aus den Eigenthümlichkeiten ihres Baues resultirende Eigenschaft. Sie wird nur durch die Ungunst der Umstände, welche das äussere Moment der thermischen Isolirung bestimmen, dazu gemacht. Sonst besitzt sie alle die Qualitäten, welche sie dazu befähigen würden, ihre Innentemperatur constant zwischen 36 und 40⁰ C. zu erhalten, nämlich einen lebendigen, wärmeentbindenden Stoffwechsel und eine Wärmereaction, deren Optimum und obere Grenze nicht weit auseinander liegen.

Es ist noch zu erklären, wodurch das Letztere bedeutungsvoll wird. Das was im vorigen Capitel als das Plateau der schematischen Linie der Innentemperatur (Fig. 2 und 3) genannt wurde, ist eine Linie, welche von der Höhe der optimalen Temperatur schief zu derjenigen der oberen Grenze ansteigt. Die Neigung des Plateaus hängt mithin zum grössten Theile von der Höhen-Differenz dieser beiden Grössen ab. Da nun das Plateau der graphische Ausdruck für die Veränderlichkeit der Innentemperatur unter solchen Verhältnissen ist, bei denen allein von einer Constanz derselben die Rede sein kann, so ist die Differenz zwischen Optimum und oberer Grenze ein Maass für das Vermögen eines Organismus, seinen Leib möglichst gleich warm zu erhalten.

IV. Über die thermische Isolirung.

Die thermische Isolirung eines Organismus wird von 2 Factoren bestimmt: von der Beschaffenheit der Oberfläche dieses Organismus und von der Beschaffenheit des Mediums, das ihn unmittelbar einschliesst. Beide sind sowohl durch äussere Einflüsse, als auch, besonders bei den höchsten Gliedern des Thierreiches, durch die Lebensäusserungen des Organismus selbst in ihren maassgebenden Eigenschaften sehr veränderlich. Dadurch entstehen Combinationen, welche vielfach den Charakter der Anpassung an sich tragen. Bei der gesonderten Schilderung der verschiedenen Formen des Wärmeverlustes wird es sich zeigen, dass Veränderungen, welche eine Einschränkung der einen Form bewirken, für eine andere eine Beförderung bedeuten können. Was aber bei seiner Zunahme immer mit einer Verringerung, im entgegengesetzten Falle immer mit einer Vermehrung der thermischen Isolirung für jede Art des Wärmeverlustes identisch ist, das ist die relative Grösse der Oberfläche, nämlich ihr Verhältniss zur Masse des Körpers. Da dieses Verhältniss nach bekannten Gesetzen sich bei der Zunahme der Masse verkleinert, so sind grössere Organismen caeteris paribus besser isolirt zu nennen als kleine.

Bei gleicher Masse ist die Oberfläche umso kleiner, je näher ihre Form der Kugelgestalt ist und es dürfte wenige bewegliche Organismen geben, welche nicht durch mehr oder minder vollkommene Annäherung an dieselbe im Stande wären, ihre Isolirung zu verstärken.

Ebenso wie die amöboide Zelle ihre Fortsätze einziehen kann, um ihre Oberfläche zu verkleinern, drückt ein frierendes Säugethier seine Extremitäten an sich, es rollt sich zusammen und Ähnl.

Ein ganz specieller Fall ist derjenige der sogenannten homoiothermen Thiere, deren Oberfläche im Verhältnisse zur

Masse ihrer wärmeentbindenden Theile bei ihrem lebhaften Stoffwechsel klein genug ist, um sich bei gewöhnlicher Lufttemperatur im Inneren über die durchschnittliche optimale Temperatur ihrer zelligen Bestandtheile zu erwärmen. Die Fälle, in welchen die Umgebung wärmer als das Innere des Organismus ist, sind sehr vereinzelt. Die isolirenden Einrichtungen der Körperoberfläche werden also im Folgenden hauptsächlich darauf zu prüfen sein, in welcher Weise sie bei kleinen Individuen und relativ kalter Umgebung den Wärmeverlust genügend vermindern, bei grossen Individuen, beziehungsweise heisser Umgebung, denselben in solchem Grade steigern, dass die Innentemperatur in dem ersten Falle nicht unter das Optimum sinkt, im zweiten die obere Grenze nicht übersteigt. Um nicht missverstanden zu werden, müssen wir bemerken, dass wir dabei immer noch nicht an automatische Einrichtungen denken, welche Ähnliches bezweckten, sondern es soll mit möglichster Objectivität untersucht werden, welche Eigenthümlichkeiten ihres Baues die homöothermen Thiere dazu machen, was sie sind.

Man könnte sich auch die Frage vorlegen, wie diese Wesen und mit ihnen der Mensch zu solchen Eigenthümlichkeiten gekommen seien. Da ist es vor Allem klar, dass sich nur solche Thiere erhalten und fortpflanzen können, welche vermöge ihres Baues weder durch ihre Umgebung unter ihre individuelle Lebensgrenze abgekühlt, noch durch die Lebendigkeit ihres Stoffwechsels mehr erhitzt werden, als sich mit den Lebensbedingungen ihres Zellstoffes verträgt. So ist es z. B. möglich, dass Wassersäugethiere so enorme Grössen erreichen können, bei denen Luftthiere von ähnlich raschem Stoffwechsel, denen kein gutleitendes kühles Wasser die relativ geringe Körperoberfläche continuirlich bespülte, sich selbst bis nahe an die obere Temperaturgrenze erwärmen würden, wodurch aber wiederum der Stoffwechsel auf ein Minimum herabgedrückt würde, welches für die der Selbsterhaltung dienenden Bewegungsäusserungen nicht ausreichend wäre. Nimmt man nun das Anatomische einer Thierart als gegeben an, dann ist dasjenige Individuum dieses Baues, welches die Erscheinungen der Homöothermie bietet, auch dasjenige, welches relativ den lebendigsten Stoffwechsel besitzt; denn, wenn es weniger Wärme producirte, wäre es bei solchem Baue nicht homöotherm, wenn es mehr Wärme producirte, müsste es sich überhitzen und wäre nicht lebensfähig. Die Wärme aber, die im Organismus frei wird, ist in gewissem Grade dem Kräfteumsatz in demselben proportional und es kann nicht Wunder nehmen, wenn gerade das homöotherme Individuum sich, wenn man so sagen darf, als leistungsfähiger erweist, und aus dem Kampfe ums Dasein siegreich hervorgeht.

Wenn man im Übrigen sieht, wie gerade die grössten in der Luft lebenden Säugethiere, nämlich die grossen Dickhäuter, an ihrer Körperoberfläche gänzlich des Apparates entbehren, der bei kleineren Thieren so sinnreich die Wärmeabgabe den Umständen anzupassen scheint, dann drängt sich dem Vorurtheilslosen wohl der Gedanke auf, dass auch sonst der Stoffwechsel jenes Moment sei, das sich den Isolirungsverhältnissen füge, nicht aber der Aufbau des Körpers in seinen architektonischen Principien auf das imaginäre Ziel der Homöothermie gerichtet sei.

* * *

Ein Körper kann an seiner Oberfläche Wärme verlieren durch Strahlung, Fortführung und Leitung. Wir werden alle 3 Arten von Wärmeentziehung beim Organismus wirksam finden, jedoch bald die eine bald die andere in besonderem Grade. Niemals darf man eine von ihnen ganz ausser Acht lassen und, wenn man Methoden zur quantitativen Bestimmung des Wärmeverlustes erfindet, muss man es sich wohl überlegen, ob man nicht in dieser Richtung sündigt. So können bei der Calorimetrie gewiss verschiedene Verhältnisse nicht zum Ausdrucke kommen, worauf übrigens schon von anderen Seiten hingewiesen wurde wie von Leyden, Arnheim u. A.

1. Wärmestrahlung. Wir haben hier vor Allem den menschlichen Körper vor Augen. Die für die Wärmestrahlung des menschlichen Körpers in der Norm und in Krankheiten massgebenden Factoren sind:

a) Die Temperaturdifferenz zwischen der äussersten Epidermisschicht und den nächsten adiathermanen Körperoberflächen.

b) Die physikalische Beschaffenheit dieser Schichte und der bewussten Oberflächen in Bezug auf Strahlungs-, beziehungsweise Absorptionsvermögen.

c) Die Diathermanität der umgebenden Luft (der Atmosphäre des Leibes), respective ihr Wassergehalt.

Es sei uns gestattet, die Wichtigkeit der angeführten Momente an einem Beispiele und einem Versuche zu erläutern.

Jeder in der Luft lebende Organismus hat in Bezug auf die uns hier interessirenden Verhältnisse eine grosse Ähnlichkeit mit dem Erdball. Auch dieser ist warm, in eine Athmosphäre gehüllt (über die dem menschlichen Körper eigenthümliche folgt später Einiges). Es war dem Menschen schon in frühester Zeit bekannt, dass die Oberfläche der Erde in den Sommernächten verschieden rasch erkalte u. z. in klaren Nächten so rasch, dass man in Bengalen sich seit Jahrhunderten durch Aussetzen von Wasser in flachen Gefässen in den heissesten Monaten Eis verschaffte. Den Grund für diese Erscheinnng wusste man lange nicht. Gesetzt den Fall, es hätte ein Meteorologe die Mittel besessen, einen Theil der Erdoberfläche in einer solchen Nacht mit einer Vorrichtung nach dem Principe des Luft- oder Wassercalorimeters zu umgeben und dadurch die Wärmeabgabe desselben zu bestimmen, wie man es in gutem Vertrauen am Thiere thut, so hätte er nichts gefunden, als dass das Calorimeter ebenso erwärmt würde als sonst. Denn an der Erde selbst hat sich nichts geändert, hingegen wird die äussere Abkühlung derselben in klaren Nächten durch den Mangel an Wasserdampf in der Luft genügend aufgeklärt. Das gasförmige Wasser besitzt nämlich in hohem Grade das Vermögen Wärmestrahlen zu absorbiren. Die Wärme, die die Atmosphäre in feuchten Zeiten zurückhält, sich dabei in cinen warmen schützenden Mantel verwandelnd, strahlt bei trockener Luft frei in den Weltraum hinaus. Wer weiss, ob ein Luft-Calorimater nicht bei trockener Luft eine verminderte Wärmeabgabe angezeigt — denn gelöste Wasserdämpfe sind gute Träger der Wärme — und damit die Situation verwirrt hätte. Hingegen zeigt ein in einer solchen Nacht frei aufgehängtes Thermometer nach den Versuchen

von Oberst Strachy*) durch eine Temperatur, welche bis
16° C. unter der der umgebenden Luft stehen kann, den ungeheueren Wärmeverlust an, den ein Körper unter solchen Verhältnissen durch Strahlung erleidet.

Der Versuch, den ich anstellte, um den Effect von Schwankungen der Wärmestrahlung mir selbst ad oculos zu demonstriren, war folgender: Ich nahm drei ziemlich gleich grosse,
kugelige Kartoffeln und reinigte sorgfältig ihre Oberflächen.
Die eine überzog ich sodann mit einer ganz dünnen Schichte
von Fischleim, von der zweiten schabte ich mit möglichst
wenig Substanzverlust die Cuticula ab, die dritte liess ich
unverändert. Hierauf senkte ich in alle 3 je ein Thermometer,
so dass die Quecksilberkugel desselben im Mittelpunkte des
Knollens steckte. Es war ein kühler Octobertag und ich
las nach einigen Stunden die Thermometer ab. Es zeigte
sich, dass diejenige Kartoffel, deren Cuticula erhalten worden
war, am kältesten, die geschabte, deren Oberfläche inzwischen
ein lederartig trockenes Aussehen angenommen hatte, am
wärmsten war, obwohl sich alle frei in der gleichen Luft befanden. Da gab ich dieselben in einen vorgeheizten Brutofen und betrachtete von 5 zu 5 Minuten die Thermometer.
Die Temperatur stieg nun rasch in der unversehrten Kartoffel, etwas weniger in der geleimten und es dauerte nicht
lange, so hatten beide die geschälte überholt, und es war
von nun an dort die höchste Temperatur, wo früher die niedrigste war und umgekehrt. Wir werden gewiss nicht fehl-
gehen, wenn wir diese Vorgänge durch die verschiedenen
Verhältnisse erklären, unter denen die Wärmestrahlung statt-
fand. In diesem Falle aber war das Agens keine Veränderung in dem Absorptionsvermögen der Luft, sondern eine
Verschiedenheit desselben an den 3 Oberflächen der Knollen.
Durch die Luft des Zimmers wurden sie in der ersten Hälfte
des Versuches gleich erwärmt; aber von den verschiedenen
Oberflächen strahlen gegen die kalten Mauern verschieden
grosse Wärmemengen aus, und, da der unveränderte Knollen,
sich als der kälteste erwies, von ihm am meisten. Es zeigt

---

*) Philosophical Magazine July 1866. Citirt nach Tyndall: Die Wärme.

sich also, dass die natürliche Cuticula der Kartoffel eine Oberfläche besitzt, deren Strahlungsvermögen noch grösser ist, als das des Fischleims, der zu den am besten strahlenden Körpern gehört. Wir werden bei der menschlichen Epidermis einer ähnlichen Erfahrung begegnen. Da wie überall so auch hier das Absorptionsvermögen für die Wärme dem der Ausstrahlung proportional ist, saugte förmlich die Kartoffel mit unversehrter Oberfläche im Wärmekasten die von den heissen Wänden desselben ausgehenden Strahlen rascher in sich auf als die beiden anderen.

* * *

Das Ausstrahlungsvermögen der Epidermisoberfläche untersuchte ich mit der Mellonischen Säule. Der Versuch war so angeordnet, dass sich die Thermoelemente in einem 50 *cm* langen Rohre von 6 *cm* Durchmesser befanden, um jede seitliche Wärmestrahlung abzuhalten. Die Elemente standen mit einem sehr empfindlichen Spiegelgalvanometer in Verbindung, dessen Ausschläge mit einem Fernrohr abgelesen werden konnten.

(I). Versuch vom 10. Oct. 1891. Zimmertemperatur 15° C. Es wird die Wärmestrahlung der linken Hohlhand gemessen. Die Zahlen bedeuten Millimeter der Theilung.

	Ausschlag des Magneten		
	von	auf	Differenz
Bei unveränderter Hautoberfläche . . .	153	194	41
Die Haut dünn mit Fischleim überzogen	153	185	32
» » » » » »	153	190	37

Die mit Fischleim überzogene Haut strahlte also um vieles schlechter die Wärme aus als die unveränderte Haut. Daraus folgt, da Fischleim eine sehr gut strahlende Oberfläche besitzt, dass diejenige der menschlichen Epidermis in besonderem Grade zu einer Wärmeabgabe in Gestalt von Strahlung disponirt ist, ebenso wie es bei der Cuticula der Kartoffelknollen der Fall war. Demnach wäre der menschliche Körper gegen Wärmeverluste durch Strahlung wenig geschützt.

Vorausgesetzt ist jedoch dabei, dass die Wärmestrahlung wirklich von der Oberfläche der Epidermis aus stattfinde, nicht etwa von einer tieferen Hautschichte, welche ihre Strahlen durch die Epidermis hindurchsendet. Man müsste sich dann die Letztere als einen sehr diathermanen Körper vorstellen. Viel Wahrscheinlichkeit hat eine solche Annahme nicht für sich, nachdem Brücke*) nachgewiesen hat, dass die Cornea, welche doch die Lichtstrahlen so vollkommen durchlässt, für Wärmestrahlen gänzlich undurchgängig ist. Ich bemühte mich, diesen Punkt experimentell zu entscheiden, ich kam jedoch zu keinem ganz eindeutigen Resultate, wenn auch einzelne Versuchsergebnisse nicht ganz uninteressant sein dürften.

(II) Versuch vom 6. November 1891. Lufttemperatur 12° C.

Die Mellonische Säule ist doppelt so weit von der strahlenden Handfläche entfernt wie in dem vorigen Versuche, wodurch die Ausschläge des Magneten um vieles kleiner werden.

	Ausschlag des Magneten		
	von	auf	Differenz
Linke Palma	„ 399	„ 402	3
„ „	„ 400	„ 405	5
Die Palma mit Tuch gerieben	„ 400	„ 410	10
Eine halbe Stunde später	„ 429	„ 435	6
Die Palma mässig gerieben	„ 431	„ 438	7
„ „ länger mässig gerieben	„ 431	„ 439	8

Jetzt wird die Hand mehrere Minuten hindurch in Wasser von 5° C. gebadet und feucht vor die Öffnung des Rohres gehalten.

	Ausschlag des Magneten		
	von	auf	Differenz
Linke Palme feucht	„ 432	„ 435	3
Nach 2 Minuten wird die Hand abgetrocknet. Frostgefühl anhaltend. Fühlt sich intensiv kalt an	„ 433	„ 439	6
3 Minuten später. Status idem.	„ 433	„ 438	5
Die Hand 2 Minuten in der Tasche gehalten. Sonst status idem. (Frostgefühl, Kälte) . .	„ 433	„ 439	6

---

*) Müllers Archiv 1845.

Zum Vergleiche wurde jetzt die Ausstrahlung an den Händen eines Collegen gemessen, der bis dahin in dem benachbarten*) um vieles wärmeren chemischen Laboratorium in der Nähe eines Bunsenbrenners gearbeitet hatte. Die Hände fühlten sich heiss an.

| | Ausschlag des Magneten | | |
	von	auf	Differenz
Rechte Palma	„ 438	„ 445	7
Linke „	„ 438	„ 446	8

(III). Versuch vom 7. November 1891. Zimmertemperatur 12° C. Anordnung wie im vorigen Versuche.

| | Ausschlag des Magneten | | |
	von	auf	Differenz
Linke Palma	„ 269	„ 276	7
„ „	„ 280	„ 287	7
Die Hand durch 5 Minuten in lauem Wasser gebadet. Hierauf abgetrocknet. Sie fühlt sich warm an, scheint eher etwas blässer zu sein	„ 300	„ 307	7
Die Hand mit Aether übergossen. Nach dessen rascher Verdunstung	„ 300	„ 303	3
Mässig gerieben	„ 300	„ 306	6
Stark gebürstet. Die Hand ist intensiv roth	„ 300	„ 307	7
Sofort mit Fischleim überzogen. Die Haut ist noch roth	„ 300	„ 305	5
Der Oberarm wird mit einem Gummischlauch fest umschnürt	„ 300	„ 306	6
Nach 3 Minuten	„ 300	„ 303	3
Nach 4 Minuten	„ 300	„ 305	5
Nach 6 Minuten	„ 300	„ 305	5
Die Ligatur wird gelöst. Die Haut erscheint hochgradig injicirt	„ 300	„ 306	6
Nach 2 Minuten	„ 300	„ 308	8

---

*) Diese Versuche wurden im Institute für experimentelle Pathologie des Herrn Prof. Stricker ausgeführt.

(IV). Versuch vom 10. November 1891. Lufttemperatur 15° C. Anordnung wie in (I).

	Ausschlag des Magneten		
	von	auf	Differenz
Linke Palma	„ 130	„ 177	47
„ „	„ 143	„ 188	45
Wenig gerieben	„ 149	„ 191	42
Etwas stärker gerieben	„ 158	„ 195	37
Nachdem die Hand durch einige Minuten im kalten Wasser gebadet worden war, bis der Schmerz unerträglich wurde, und hierauf abgetrocknet, schlägt der Spiegel äusserst träge aus	„ 150	„ 170	20
Nach 5 Minuten Das Kältegefühl anhaltend	„ 150	„ 168	18
Nach 30 Minuten	„ 149	„ 172	23
Die Hand einige Secunden in die Nähe einer Petroleumflamme gehalten	„ 150	„ 182	32
Die linke Hand eines Collegen, der im benachbarten chem. Laboratorium gearbeitet hatte	„ 151	„ 203	52

Aus diesen Versuchen geht vor Allem hervor, dass die
Blutgefässe, wie zu erwarten war, durch ihre wechselnde Fülle
die Wärmestrahlung zu verändern vermögen. Wenn die
Hand leicht gerieben wurde, beziehungsweise stark genug,
um eine Contraction der Hautgefässe anzuregen, dann sank
die Strahlung; sie stieg aber, wenn man es bis zur Injection
der Palma trieb. Den Einfluss der Blutgefässfülle auf die
Wärmestrahlung kann man sich aber auf zweierlei Weise erklären. Man kann sich vorstellen, dass die Epidermis die
Wärmestrahlen sehr gut durchlasse, dass also das unter ihr
hinströmende Blut von der sehr grossen Oberfläche, die es
hier besitzt, direct durch Strahlung einen Theil seiner Wärme
verlieren könne, oder man kann annehmen, dass das Blut
erst seine Umgebung erwärmen müsse, damit diejenigen
Theile derselben, welche mit der Luft in Contact sind, die
Wärme nach Aussen abgeben. Dieser Punkt ist für die
Frage von dem Wärmeverluste, respective der Wärmeisolirung
in Bezug auf Strahlung von fundamentaler Bedeutung. Denn
in dem ersten Falle liegt das Blut, dem man die Hauptrolle
bei den Vorgängen der Wärmeabgabe zutheilt, allen ab-

kühlenden Einflüssen leicht zugänglich an der Oberfläche, im zweiten Falle ist es durch eine gut isolirende Schicht von der Aussenwelt getrennt. Als der Oberarm umschnürt wurde, verminderte sich die Strahlung langsam, sie stieg ebenso langsam an, als die Ligatur gelöst wurde, und, da die Gefässe jetzt paralytisch waren, über das ursprüngliche Mass hinaus. Was dabei aber besonders bemerkenswerth war, ist der Umstand, dass die Strahlung die frühere Höhe zu einer Zeit überschritt, wo die Haut für das Gefühl der anderen Hand noch kalt war. Wäre das Blut dasjenige, von dessen Ober- fläche aus die Strahlung stattfindet, dann hätten die Ver- anderungen derselben sofort nach der Absperrung und später nach dem Einschiessen in die Gefässe eintreten müssen. Da sie sich aber langsam entwickelten, ist es wahrscheinlicher, dass das Blut erst secundär dadurch zur Geltung kam, dass es die strahlende Fläche erwärmte. Ist nun die mathematische Oberfläche der Epidermis die strahlende Fläche? Es scheint so, nachdem ein unmerklich dünner Überzug von Fischleim die Strahlung vermindert. Dem widerspricht aber der Umstand, dass die Haut nach Lösung der Ligatur bei Lähmung der Gefässe stärker strahlte, obwohl die Temperatur ihrer Ober- fläche niedriger war als vorher. Man ist daher gezwungen anzunehmen, dass von zwei Flächen aus Wärme durch Strahlung abgegeben werden könne: von der Oberfläche der Epidermis und durch diese hindurch von dem Stratum, in welches die Blutgefässe der Haut eingebettet sind.

Mit dieser Voraussetzung lassen sich die übrigen Ergeb- nisse der vorausgeschickten Versuche sehr gut in Einklang bringen, wie z. B. die Wirkungen welche Abkühlungen und Er- wärmungen hervorbrachten. Die mit kaltem Wasser behandelte Hand, strahlte wenig Wärme aus, aber die Strahlung stieg hoch an, während sie noch intensiv kalt anzufühlen war. Da sie zugleich roth war, dürfte auch hier die Wärmestrahlung von einer erwärmten tiefen Schichte durch die Epidermis hindurch besorgt worden sein. Der entgegengesetzte Fall ist derjenige, wo die Hautoberfläche durch laues Wasser erwärmt mehr Wärmestrahlen aussandte, was aber durch die gleichzeitige Contraction der Hautgefässe (die Hand erschien blässer) genau compensirt wurde. Nachdem durch Ätherverdunstung die Oberfläche abgekühlt worden war, sank natürlich die Strahlung.

Ferner ist es leicht erklärlich, dass die Haut von aus geheizten Räumen Kommenden, welche für meine kalte Hand intensiv heiss erschien und deren Oberflächentemperatur gewiss um ein Vielfaches mehr von der des Raumes und der Mellonischen Säule abstand als die meinige, in ihrer Strahlung weit hinter den Erwartungen zurückblieb, die man a priori hegen musste. Wohl war die Strahlung gesteigert, denn der eine ihrer Summanden, nämlich die Wärmestrahlen von der Oberfläche her waren sehr vermehrt, der zweite Summand aber, der von der Temperatur der tieferen, vielleicht der Cutisschichte abhing, war gleich, denn die Bluttemperatur meiner oberflächlich erwärmten Collegen war vermuthlich von der meinigen nicht sehr verschieden.

* * *

Die Oberfläche des menschlichen Körpers respective die äussersten Schichten desselben besitzen nach dem Vorhergehenden ein gutes Ausstrahlungsvermögen. Diesem proportional ist immer das Vermögen, strahlende Wärme zu absorbiren und es lehrt die Erfahrung, dass thatsächlich die Wechselwirkungen zwischen der nackten Körperoberfläche und den strahlenden Körpern ihrer Umgebung rege und häufig nachweisbare sind. Da dieses Problem, wie später zu zeigen sein wird, durch seine Beziehungen zu der Kaltwasserbehandlung des Fiebers eine gewisse praktische Bedeutung hat, wollen wir ihm noch einige Zeilen widmen.

Die strahlende Wärme, welche die Haut absorbirt, erhöht natürlich ihre Temperatur. Dass dieses sehr rasch, ja momentan geschieht, kann man sehen, wenn man sich in das Strahlungsbereich eines eisernen Ofens begibt. Ein Blatt Papier zwischen Gesicht und Ofen senkrecht auf und ab bewegt, bringt das Gefühl hervor, als gleite ein kühler Schatten über die Haut.

Das Vermögen geblendeter Fledermäuse und angeblich auch blinder Menschen, Hindernissen auszuweichen, welche sich keinem der ihnen gebliebenen vier Sinne bemerklich machen, wurde mit grosser Wahrscheinlichkeit auf prompte Perception von strahlender Wärme zurückgeführt, welche wiederum nur durch rasche Absorption erklärlich wird.

Die beste Illustration für diese Verhältnisse liefern jedoch die Versuche von A. Walther (1865) *). Er setzte festgebundene Kaninchen directen Sonnenstrahlen aus, in deren Bereich seine Thermometer 30—34° C. anzeigten. Die Eigenwärme stieg bis 46° C., worauf Tod eintrat. Die Temperatur stieg jedoch noch weiter bis 50° C. Walther erklärt seine Versuchsresultate durch verhinderte Wärmeabgabe. Es unterliegt jedoch gewiss keinem Zweifel, dass die Absorption ungeheurer Wärmemengen bei diesen Vorgängen die Hauptrolle spielte. Die hohe Temperatur der Umgebung konnte allein nicht das Massgebende gewesen sein, denn es ist erwiesen, dass in den Tropen bei einer Lufttemperatur von 35° C. im Schatten noch gearbeitet wird und auch noch höhere Temperaturen durch längere Zeit anstandslos ertragen werden. Blagden und Chantrey setzten sich ungefährdet in einem Backofen einer Hitze von über 100° C. aus, wo man »Eier sieden und Beafsteaks braten« konnte, wie Tyndall sagt. Der Organismus besitzt eben Mittel, um die Wärme, welche ihm durch Contact mitgetheilt wird, latent und unschädlich zu machen; nur gegen die Strahlung scheint er gänzlich hilflos zu sein.

Wie schon bemerkt, sind für die Wärmestrahlung die Verhältnisse der Umgebung von ebenso grosser Bedeutung wie diejenigen an der Oberfläche der Haut, was durch den Character derselben als Function von Differenzen physikalischer Qualitäten erklärlich ist. Darum sei hier die aus zahlreichen meteorologischen Versuchen bekannte Thatsache kurz erwähnt, dass die Wärmestrahlung im Freien eine ganz ausserordentlich variable Grösse ist. Der Einfluss der Feuchtigkeit der Luft wurde bereits gewürdigt. Man fand aber auch an empfindlichen Instrumenten, dass der wolkenlose Himmel einer der wichtigsten Factoren für die Steigerung der Wärmestrah·

*) Citirt nach Wunderlich.

lung sei. Jede rasch über dem betreffenden Thermoscope hinziehende Wolke war im Stande, durch Sistirung der Strahlung die Temperatur derselben in die Höhe zu treiben. Dasselbe leistete ein Papier, das darüber gehalten wurde u. s. w.

In geschlossenen Räumen, besonders in geheizten, kommen noch andere Factoren zur Geltung. Da ist vor Allem die Temperatur und die Ausstrahlungs-, beziehungsweise Absorptionsfähigkeit der Wände des Raumes. So weiss man, wie kühl mit Marmorwänden versehene Räume sind, wie heiss hingegen mit Teppichen, Vorhängen u. s. w. versehene. Die ersteren absorbiren wenig Wärme, erhalten sich unter der Lufttemperatur und sind infolge der grossen Temperaturdifferenz zwischen ihrer Oberfläche und der des Körpers im Stande mehr Wärmestrahlen, die von diesem ausgehen, zu absorbiren, als die ihrer physikalischen Beschaffenheit nach besser absorbirenden Kalkanstriche, oder gewebten Ueberzüge, weil diese schon früher durch Absorption erwärmt wurden.

Das Gefühl der Schwüle ist vielleicht ebenso sehr auf unterdrückte Strahlung wie auf unterdrückte Wasserverdunstung, wie man fast allgemein anerkennt, zurückzuführen. Erscheint es doch im Freien fast immer bei bewölktem Himmel. Als mir einmal durch ein Versehen mein Zimmer überheizt wurde, so dass das Thermometer 28° C. anzeigte und sich bei kurzem Aufenthalt in demselben das Gefühl lästigster Schwüle einstellte, untersuchte ich die Strahlung der Wände mit einem Differential-Luftthermometer von Leslie, das auch unter dem Namen, eines Thermoscopes in den Handel gebracht wird. Es besteht aus zwei hohlen Glaskugeln, welche durch ein U-förmiges Thermometer-Rohr in Verbindung stehen. Die Kugeln, von denen die eine mit Russ überzogen ist, sind mit Luft, das U-Rohr zum Theile mit gefärbtem Alcohol gefüllt. Werden die Kugeln in das Bereich einer Wärmestrahlung gebracht, dann bewegt sich der Alcohol gegen die blanke Glaskugel zu, weil die berusste mehr Wärme absorbirt, die in ihr befindliche Luft erwärmt und zur Ausdehnung bringt. Ich versah ein solches Instrument *)

---

*) Ausgeführt von Kapeller Nachfolger in Wien.

mit einem Reflector aus versilbertem Kupferblech, welcher mir gestattete, nur Strahlen von bestimmter Richtung zu den Kugeln zu leiten. Wenn ich die Oeffnung des kegelförmigen Reflectors in der Mitte des Zimmers gegen den Kachel-Ofen richtete, zeigte die Alcoholsäule die Strahlung derselben an, obwohl er nicht mehr sehr heiss anzufühlen war. Heftig strahlten auch die Wände; hingegen bewegte sich der Alcohol gegen die berusste Kugel zu, wenn die Mündung des Reflectors auf die mit Milchglasausschnitten versehene Thüre gerichtet wurde.

Jetzt brachte ich meine brennende Hand vor den Apparat und derselbe zeigte keine höhere Strahlung an als diejenige der Zimmerwände war. Mithin waren die beiden Oberflächen in Bezug auf die Wärmestrahlung im Gleichgewichte.

2. Fortführung der Wärme. Von dieser Form der Wärmeentziehung spricht man, wenn die von der Oberfläche eines warmen Körpers zu höherer Temperatur gebrachten Molecüle sich von derselben entfernen, um anderen Platz zu machen, welche das gleiche Spiel wiederholen. Es findet diese statt bei der Wärmeabgabe an tropfbare Flüssigkeiten und Gase. Der Organismus der Warmblüter bedient sich ihrer vor allen anderen Mitteln. Die Luft entzieht dem Körper die Wärme durch Fortführung und man muss sich ein fortwährendes Strömen der Luft über der Haut vorstellen, wie das der Winde über der Erdoberfläche.

Eine besondere Form der Fortführung ist die mit gleichzeitiger Wärmebindung combinirte Verdampfung von Körperwasser. Unsere Untersuchungen über diesen Punkt sind im 6. Capitel ausführlich geschildert.

3. Wärmeleitung. Diese ist vollständig auf die Berührung mit festen Körpern beschränkt. Wenn nämlich ein Gas oder auch eine Flüssigkeit von einem heissen Gegenstande, der sich darin befindet, erwärmt wird, kann man nicht ohne Weiteres sagen, es sei dies durch Wärmeleitung geschehen, sondern man muss sich vorstellen, dass nur die die warme Oberfläche direct berührenden kleinsten Theilchen des Mediums in die heftigeren Schwingungen einbezogen und fortgeschleudert werden, so dass andere an ihre Stelle ge-

langen können, um das gleiche Schicksal zu erleiden. Die Summe dieser kleinen und kleinsten Strömungen bildet eben den Inhalt des Begriffes der Fortführung der Wärme.

Mit festen Körpern kommt der Mensch durch seine Bekleidung in ausgiebige Berührung und es ist hauptsächlich ein Verdienst Pettenkofers, die thermisch isolirenden Eigenschaften derselben experimentell geprüft zu haben. Er kommt unter Anderem zu dem Schlusse, dass in erster Linie das Wärmeleitungsvermögen der Kleidungsstoffe massgebend sei, indem er fand, dass die Durchlässigkeit für einen durch sie gepressten Luftstrom, nicht parallel ging mit einer Verminderung des Wärmeschutzes.

Wenn man aber an kalten Tagen sieht, wie die Sperlinge ihr Gefieder aufblähen, bekommt man den Eindruck, als trachteten sie, um ihren Leib einen für die Kälte undurchdringlichen Luftpanzer, eine abgeschlossene warme Atmosphäre zu erzeugen. Das Leitungsvermögen der Federn mag sie dabei weniger unterstützen als ihre Festigkeit und Dichte.

Alles, was die warme Atmosphäre des Leibes intact erhält, ist ein wärmeisolirendes Moment. Da kann es nicht gleichgiltig sein, in welchem Grade dieselbe auch von den Luftströmungen der unmittelbaren Umgebung abhängig ist, eine Frage, die mit dem Wärmeleitungsvermögen des betreffenden Kleidungsmateriales nur in losem Zusammenhange steht.

So wissen z. B. die Gärtner sehr gut, dass sie im Winter die Pflanzen, die sie vor dem Erfrieren schützen wollen, nur leicht mit Stroh zu bedecken brauchen, so dass zwischen den Halmen genügend Luft ist. Tyndall meint allerdings, dass die Verhinderung der Wärmestrahlung dabei die Hauptsache sei.

Von den Schuhen ist es bekannt, dass man in ihnen am meisten friert, wenn sie eng sind. Dann fehlt eben zwischen Leder und Haut die isolirende Luftschicht.

Von meiner Militärdienstzeit her ist es mir in Erinnerung, welchen Schutz ein dünnes aber dichtes Leintuch gewähren kann. Wir hatten im Winter zur Bedeckung eine dicke poröse Decke. Ich bemerkte, dass ich durch heftiges Frieren geweckt wurde, wenn sich das Leintuch, das ich unter der

Decke hatte, so verschob, dass jene direct auf mich zu liegen kam, offenbar deshalb, weil durch ihre Poren die warme Körperatmosphäre nach aufwärts stieg, denn durch ihre hohe Temperatur war sie um vieles leichter als die kalte Zimmerluft. Das Leintuch aber war sehr dicht gewebt und hinderte sie daran.

Was der Körperoberfläche durch Leitung entzogen wird, muss zunächst die Epidermis auf demselben Wege von Innen herausbefördern. Es ist eigentlich, wie in der Einleitung bemerkt wurde, gewagt, bei lebenden Geweben überhaupt von einem Wärmeleitungsvermögen zu sprechen, denn eine Zelle muss, wenn man ihr Wärme entzieht, ihre Temperatur nicht wesentlich ändern oder sie kann es auch in höherem Grade thun als der Entziehung entspricht. Die Epidermis aber, die sich als so träge in ihrem Stoffwechsel erweist, wird man wohl in dieser Weise in Anspruch nehmen können.

Ich unternahm einige Versuche über das Leitungsvermögen der todten Haut. Ich schnitt ein genau gezeichnetes Quadrat an der zu untersuchenden Stelle aus und spannte dann dasselbe auf einen Korkrahmen, nachdem alles anhaftende subcutane Fett mit dem Messer sorgfältig abpräparirt worden war. In der Mitte des Quadrates wurde nun von unten her das senkrechte Ende eines ungefähr 4 mm starken rechtwinkelig gebogenen Messingdrahtes angesetzt, der mit seinem anderen Ende festgeklemmt war.

Von oben her tropfte ich auf die Epidermis etwas Wachs und erhitzte dann den horizontalen Schenkel des Drahtes nahe dem festgeklemmten Ende. Die Wärme pflanzte sich in dem Metalle fort, durch die Haut zu dem Wachse, das sie zum Schmelzen brachte. Die Grösse der Schmelzfigur war von der Güte, ihre Gestalt von dem Verhalten des Wärmeleitungsvermögens der Haut nach den verschiedenen Richtungen abhängig.

Wenn ich auch die Erhitzung so weit fortsetzte, dass das im Gewebe imbibirte Wasser zu sieden begann, schmolz das Wachs doch nicht weiter als 6 mm im Umkreise vom Stabende entfernt. Das Leitungsvermögen der Haut ist also ein schlechtes. Die Form der Schmelzfigur war verschieden; es zeigten sich bald Kreise, bald Ellipsen oder Ovoide, deren Axen keine constante Stellung hatten. Ich überzeugte mich, dass dieselben nur der Ausdruck der momentanen Spannungsverhältnisse waren. Ich konnte sie durch vorherige Verziehung des Hautlappens beliebig variiren.

Das Wärmeleitungsvermögen der lebenden Haut ist gewiss veränderlich. Für die Cutis glaubt Tomsa*) in der Anordnung der glatten Musculatur und der Gefässe ein Mittel gefunden zu haben, dessen sich der Organismus gelegentlich bedient, um sie zu ändern. Mit grösserer Bestimmtheit lässt sich behaupten, dass speciell die Epidermis die Wärme um so besser leite, je feuchter sie ist. Da trifft es sich günstig, dass sie aus rein physikalischen Gründen, gerade dann am feuchtesten ist, wenn die Abfuhr von Wärme am nöthigsten ist. Im Fieber hingegen ist sie meist trocken und leitet schlecht.

Wirken bedeutende Kältegrade längere Zeit hindurch, so verbreitet sich die Abkühlung in immer tiefer gelegene Organe. Liebermeister stellte sich vor, dass in einer gewissen Tiefe gelegene Theile von den Schwankungen der Umgebung unabhängig seien und nannte sie die massgebende Schicht. Ueber diesen Punkt wurden zahlreiche Versuche angestellt, welche zeigten, dass diejenigen Gewebe, welche einer von der Blutwärme sehr abweichenden Temperatur ausgesetzt werden, einen Wärmegrad annehmen, der zwischen beiden liegt. Diese Versuche sind sehr lehrreich, weil sie zeigen, dass das Verhältnis zwischen Blut und Gewebe doch nicht so einfach ist, dass man es mit einer Wasserheizung vergleichen könnte, welche Vorstellung gerade jetzt sehr beliebt ist. So fand Berger,**) dass die Temperatur in der Harnröhre eines Mannes bei Abkühlungen durch Eintauchen in Wasser williger und ausgiebiger nach unten schwankte als nach oben. Wie tief local applicirte Kälte dringe, untersuchte Schultze***) und Virginie Schlikoff†) systematisch.

---

*) Archiv für Dermatologie und Syphilis. 1873.
**) Citirt nach Valentin Physiologie des Menschen. 1847.
***) Deutsch. Arch. f. klin. Med. XIII.
†) Ueber die locale Wirkung der Kälte. Leipzig 1876

Es gelang ihnen, Temperaturerniedrigungen in bedeutenden Tiefen, wie in der Vagina nachzuweisen, wenn eine Eisblase auf den Bauch gelegt wurde. Ebenso machte sich die Wirkung eines kalten Trunkes an der Oberfläche des Bauches geltend. Schlikoff bekommt aus ihren Versuchen nicht den Eindruck, als wäre blosse Wärmeleitung im Spiele. Ebenso wenig aber will sie die Winternitz'sche Theorie, welche Alles durch Reflexe auf die Blutgefässe erklären möchte, gelten lassen. Auffallend erscheint ihr, was auch aus dem Versuche, in welchem wir den Oberarm für kurze Zeit umschnürten, hervorgeht, dass Organe, welche selbst nicht als besondere Wärmequellen wahrscheinlich sind, wenn sie einmal abgekühlt werden, ihren früheren Wärmegrad durch die ihnen mit dem Blute zugeführte Wärme äusserst langsam wieder erreichen. Es ist dieses nicht ohne Wichtigkeit für die Theorie, welche annimmt, dass das Blut einen Ausgleich zwischen den verschieden temperirten Theilen des Körpers vermittle. Es scheint aber in Wirklichkeit dazu sehr wenig geeignet zu sein.

* * *

Als ich zuerst daran ging, die Menge der von der Haut ausstrahlenden Wärme vergleichsweise zu messen, verfertigte ich mir ein Instrument, das in Fig. 10 schematisch dargestellt ist. Die Quecksilbergefässe der beiden Thermometer befinden sich im Inneren der hölzernen Kapsel A, welche durch eine Scheidewand in zwei Räume, B und C, getheilt ist. Ein dünnes Kupferblech bildet den Boden. Das Blech ist, wie auch in der Abbildung angedeutet ist, zur Hälfte versilbert und spiegelblank polirt, zur Hälfte geschwärzt. Die beiden Messingbügel E und F dienen dazu die Entfernung des Apparates von der Haut zu reguliren, wenn man denselben mit körperwärts gerichteter Blechplatte der Körperoberfläche anlegt.

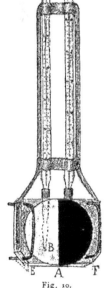

Fig. 10.

Ich ging von der Ansicht aus, dass das blanke Silber der einen Kammer alle strahlende Wärme reflectiren, der geschwärzte Boden der anderen dieselbe hingegen begierig aufsaugen und so die Kammern, verschieden geheizt, eine Temperaturdifferenz aufweisen würden, die mir ein Mass für die Wärmestrahlung abgeben sollte.

Versuch:

13. October 1891. Lufttemperatur 17° C. Der Apparat wird an die linke Palma angelegt. Die Kupferplatte ist 1 *cm* von der Haut entfernt.

Beide Thermometer steigen; das der geschwärzten Seite steigt rascher und ich sehe mit Genugthuung die Differenz sich vergrössern, bis dieselbe 1·6° C. erreicht.

Beide Thermometer steigen weiter, aber das der blanken Seite beschleunigt jetzt seinen Gang und die Differenz vermindert sich immer mehr und verschwindet vollständig bei 30° C. Ich glaube, der Versuch sei zu Ende und misslungen; doch dem ist nicht so, denn die Temperatur der polirten Kammer fährt fort mit grösserer Geschwindigkeit zu steigen, überholt die der anderen und steht endlich still, als sie bei 31° C. einen Vorsprung von 0·3° C. gewonnen hat. Jetzt kommt auch das Thermometer hinter der geschwärzten Hälfte nach. Der Versuch ist nun wirklich zu Ende und ich in vollständiger Verwirrung, weil mir der Schlüssel fehlt.

Ich glaubte anfangs, mein Instrument, das ich mir selbst aus Kork und Zinnfolie gefertigt hatte, sei schlecht. Darum liess ich mir ein vollkommeneres vom Herrn Mechaniker Schulmeister machen. Als die Versuche damit ganz ähnliche Resultate ergaben, fand ich auch die Lösung des Räthsels.

Der Apparat befand sich über der Haut. Anfangs stieg die Temperatur hinter dem geschwärzten Kupfer rascher, weil es stark die strahlende Wärme absorbirte. Bald aber machte sich eine andere Form der Wärmeübertragung geltend, nämlich die Fortführung. Von der Haut stiegen warme Luft- und Wasserwolken in die Höhe, die sich im Beginne wohl am Wege abkühlten und dann erst an das Blech gelangten. Schliesslich aber musste die Luft zwischen Haut und Blech stark erwärmt und ihrerseits durch die directe Berührung ein

neues Heizmittel für die beiden Kammern werden. Nun war
aber der schwarze Überzug, der vorher als Wärmesauger
gewirkt hatte, wegen seines schlechten Leitungsvermögens
dem ausgezeichnet leitenden Silber gegenüber im Nachtheile
und daher kam es, dass die versilberte Hälfte rasch sich erwärmen und die andere überholen konnte. Langsamer drang
schliesslich die Wärme auch durch die Letztere.

Controlversuche bestätigten diese Deutung. Wenn nämlich der Apparat nach unten zu liegen kam, konnte das Auf-
steigen der erwärmten Gase nicht stattfinden und es zeigte
sich, dass die Temperatur der geschwärzten Seite immer
rascher stieg und auch um 0·1 bis 0·3° C. höher blieb.

Aus den in diesem Capitel geschilderten Verhältnissen
geht hervor, dass die an der Oberfläche des Körpers sich
abspielenden Processe sehr complicirter Natur, in hohem
Grade schwankend und quantitativ mit einiger Hoffnung auf
Genauigkeit kaum zu bestimmen seien. Man nehme irgend
eine der Methoden, mit welcher man das zu messen glaubte,
was man als Wärmeabgabe schlechtweg bezeichnet, und man
wird ohne Mühe finden, dass immer eine oder die andere
Form des Wärmeverlustes dabei nicht zur Geltung kam und,
was noch verhängnisvoller ist, dass man den Körper im
Momente der Messung in Verhältnisse brachte, welche sehr
verschieden von seiner gewohnten Umgebung waren. Das
Resultat musste also immer auch noch durch die Reaction
auf die Versuchsanordnung getrübt werden.

Es sei uns noch gestattet, an dieser Stelle kurz das Dogma
von der Wärmeregulirung durch die Haut zu erörtern. Weder
die in der Literatur niedergelegten Erfahrungen, so weit sie
uns bekannt sind, noch unsere eigenen nöthigen uns, eine so
weitgehende Hypothese anzunehmen, wie diejenige, dass durch
einen Reflexmechanismus die Haut ihre thermisch isolirenden
Eigenschaften den Umständen anpasse, so ansprechend auch
dieser Gedanke sein mag.

Jeder Wärme- und jeder Kältereiz bringt die Hautgefässe
zur Zusammenziehung, bei zu heftiger oder zu langer Ein-
wirkung lähmt er sie. Von einer Regulirung ist nichts zu
merken. Und wenn sie vorhanden wäre, was könnte sie einem

Dickhäuter nützen? Obwohl nun die Haut durch keine reac-
tive Lebensäusserung etwas dazu thut, um in warmer Umgebung die Widerstände hinwegzuräumen, welche bei äusserer
Kälte die Abkühlung des Körpers hindern, lassen sich doch
schon aus dem bisher Angeführten die folgenden Momente
als Wärmeschutzmittel in der Kälte und Entziehungsmittel
in der Hitze zusammenstellen, ohne etwas Anderes, als die
rein physikalische Wechselwirkung zwischen den verschieden
warmen Massen des Körpers einerseits und seiner Umgebung
andererseits in Anspruch zu nehmen:

1. In Bezug auf die Wärmestrahlung. Gegen einen kühlen
Körper von bestimmter Temperatur strahlt die Haut, wenn
sie erwärmt wird, mehr, wenn sie abgekühlt wird, weniger
Wärme aus, weil die Strahlung mit der Temperatur der
Oberfläche steigt und fällt, wenn nicht die absorbirenden
Flächen sich in gleichem Sinne ändern.

2. In Bezug auf die Fortführung der Wärme. Hiebei
denken wir hauptsächlich an die unmerkliche Wasserverdunstung. Die warme Luft ist im Stande, mehr Wasserdampf
zu lösen, das warme Gewebe, mehr davon abzugeben.

3. In Bezug auf die Wärmeleitung. Die Epidermis wird
in der Kälte trocken und leitet die Wärme schlecht, in der
Wärme umgekehrt.

Zu vergessen ist auch nicht, das Punkt 2 auch für die
enorme Verdunstungsoberfläche der Lunge Geltung hat.

Wenn also zugleich mit den Temperaturschwankungen
der Umgebung sich ganz selbstthätig die Beziehungen
zwischen ihr und dem Körper, mithin die thermische Isolirung,
sich in einem compensatorischen Sinne ändern, so lässt sich
nicht leugnen, dass der Körper schon dadurch allein zu einer
Masse wird, deren Schwankungen um eine gewisse Temperatur geringer sind, als nach ihren sonstigen Eigenschaften
zu erwarten wäre, in gewisser Beziehung ähnlich den porösen
nässenden Wasserkrügen der Wüstenbewohner; dass aber die
thatsächliche Homöothermie allein oder zum grossen Theile
aus den Vorgängen an der Oberfläche des Körpers zu erklären sei, dazu geben diese Erfahrungen kein Recht.

* * *

Um die Hilfsmittel zu erforschen, welche es einem homöothermen Organismus möglich machen, unter den verschiedensten Umständen in seinem Inneren eine in erstaunlich engen
Grenzen schwankende Temperatur zu bewahren, wurde von
zahlreichen Forschern eine sehr grosse Zahl von Versuchen angestellt, welche begreiflicher Weise in Beobachtungen gipfelten,
die man anstellte, nachdem man die Umgebungstemperatur
mehr oder weniger rasch geändert hatte. Es änderten sich
in solchen Versuchen die Lebensbedingungen in einem Umfange und einer so kurzen Zeit, dass man eigentlich nicht
erwarten durfte, dass der Organismus sich hier ebenso verhalten würde, wie bei den spontanen Änderungen seiner gewohnten Umgebung, welche ihm durch die geringere Weite
ihrer Grenzen und ihre langsamere Entwickelung Zeit lassen,
sich zu accomodiren.

Was Meynert von den Zellen der Hirnrinde aussagt, gilt
für jedes Protoplasma: seine einzige transcendente Eigenschaft
ist die Reizbarkeit. Diese Eigenschaft ist es, die alle sogenannten Wärmeregulirungsversuche complicirt; denn die
unvermeidliche plötzliche Veränderung der Lebensbedingungen
einer Zelle ist immer ein Reiz für diese.

Auf 3 verschiedenen Wegen kann eine Temperaturver-
änderung in der Umgebung eines Thieres sich als Reiz bis
zu dem Protoplasma der einzelnen Zelle fortpflanzen. Diese
sind:

1. Die Nervenbahnen. Eine Reihe wenig fundirter Hypo-
thesen hat die Annahme eines specifischen durch Temperaturveränderungen der Peripherie angeregten und im Gewebe
endenden reflectorischen Vorganges zum Mittelpunkte.

2. Per contiguum von Zelle zu Zelle. Die oben citirten
Untersuchungen von Schultze und Virginie Schlickoff zeigen,
dass dieses Moment nicht zu unterschätzen ist.

3. Die Blutbahn. Es ist nicht allein die in der Haut ver-
änderte Temperatur des Blutes, welche hier zu beachten
wäre, sondern auch der Wechsel in den die Stoffwechselvorgänge vermittelnden Eigenschaften der Blutzellen. Directen
Versuchen sind diese Verhältnisse natürlich nicht zugänglich.
Für ihr Vorhandensein spricht aber z. B. das Auftreten von

Haematurie nach localen Abkühlungen bei entsprechend dis-
ponirten Personen.

Eine Fortpflanzung des Reizes durch die Blutbahn glaubten
wir *) annehmen zu müssen, als wir gelegentlich einiger Versuche den therapeutischen Werth localer Erwärmungen betreffend constatiren konnten, dass bei längerer Erhitzung einer
kleinen Hautpartie, die Achselhöhlentemperatur continuirlich stieg.

---

*) Wiener klin. Wochenschrift, 1891, Nr. 17—18.

V. Das Fieber einzelliger Organismen.

Man kann die Frage nach dem Wesen des Fiebers, nach dem, was allen Zuständen gemeinsam ist, in denen man von einem Kranken sagt, dass er fiebere, sehr verschieden stellen und es hängt ganz gewiss von der Zweckmässigkeit der Fragestellung für das Gedeihen einer zielbewussten Forschung sehr viel, wenn nicht Alles ab. Jeder Arzt weiss, ob ein Kranker fiebert oder nicht, und dennoch ist es bis jetzt nicht gelungen, die Grundlage dieses so gewöhnlichen und räthselhaften Processes aufzudecken. Unter der Fülle der Symptome, die durch die Reaction der verschiedenen Organsysteme auf eine Noxe zu Stande kommen, ist das verborgen, was man bald als eine Anomalie des Chemismus bald als eine solche der Wärmeverhältnisse sich vorzustellen gezwungen ist, je nach dem Ausgangspunkte der Betrachtung. Wie in allen Zweigen der Naturwissenschaften ist auch hier jene Anschauung die rationellste und dem idealen Ziele der mathematischen Behandlung des Problems am nächsten stehende diejenige, die die kleinsten Theile zu Objecten ihrer Forschung macht. Das Schema wird immer einfacher, aber leider auch unzugänglicher, je mehr es sich dem unendlich Kleinen nähert. Ueber die Zelle hinauszugehen ist vielleicht noch nicht gestattet, der cellulare Standpunkt selbst aber lässt sich vielleicht für den fieberhaften Process gewinnen.

Dann steht die Frage so: Wenn ein fiebernder Organismus in seine Zellen zerfiele, was unterschiede jede einzelne von ihnen von einer gleichartigen gesunden? Was ist an den Aeusserungen ihres Protoplasmas pathologisch? So verschiebt sich der Schwerpunkt vom fieberkranken Organismus auf das fieberkranke Protoplasma. Dadurch wird das Fieber als Begriff gänzlich unabhängig von den unübersehbaren Einflüssen der topographischen Verhältnisse, die beim hochorganisirten Thiere das Bild verwirren.

Wenn das Fieber eine Erkrankung des Protoplasmas schlechtweg ist, dann ist nicht einzusehen, warum gerade dasjenige der höchsten Spitzen der Wesenreihe ihr ausgesetzt sein sollte; es ist vielmehr zu erwarten, dass jede lebende Zelle unter gewissen Verhältnissen Veränderungen eingehen kann, die jenen mehr oder weniger ähnlich sind, dass aber die Aeusserungen dieses veränderten Zustandes — die Krankheitssymptome — nach dem äusseren Zusammenhange der Zelle mit anderen verschieden sind.

Kann also eine freilebende Hefezelle fiebern? So lange Hyperthermie und Fieber nicht getrennt sind, darf man sagen, dass jeder pathologische Zustand einer Zelle, welcher ein Freiwerden übernormaler Wärmemengen zur Folge hat, für diese ein Fieber bedeutet. Wenn sich nun gar in einem krankhaften Zustande eine erhöhte Temperatur mit dem äthiologischen Momente der Infection vereinigt, dann wird der moderne Arzt keinen Augenblick zögern, ein Fieber zu diagnosticiren.

Ein böhmischer Bierbrauer erzählte mir, dass er in einem heissen Sommer gezwungen gewesen sei, ohne Eis Bier zu erzeugen. Das Eis fehlte ihm besonders in den Gährräumen, da er nicht im Stande war, die gährende Flüssigkeit, die sich selbst stark erwärmte, so, wie er es gewohnt war, künstlich abzukühlen. Doch es gelang ihm im Allgemeinen, ein brauchbares Product zu erzielen; nur in einem Bottich nicht. In diesem war die Gährung am stürmischesten und es stieg während derselben die Temperatur mehrere Grade über die der anderen Bottiche. Dieses Bier verdarb. Trotz peinlichster Reinigung mit Wasser wiederholte sich der Vorgang beim nächsten Gebräu in dem gleichen Gährgefässe. Der Bottich wurde als inficirt betrachtet und durch Ausbrennen wieder brauchbar gemacht.

Wir haben also hier pflanzliche Organismen, Hefezellen, welche durch irgend eine Art von Infection in einen pathologischen Zustand versetzt wurden, den man nach den Hauptzügen des Symptomenbildes, als ein Fieber der Hefe bezeichnen kann.

Ich untersuchte diese Frage experimentell, nicht in der Absicht, alles, was ich etwa bei der inficirten Hefe fände, rückhaltslos auf den fiebernden Menschen anzuwenden, sondern ich ging von der Ueberlegung aus, dass man alles, was beiden Zuständen effectiv und erfahrungsgemäss als gemeinsam sich erweisen sollte, beim Säugethiere nicht als die Wirkung eines complicirten Organsystemes, sondern als die directe Aeusserung des lädirten Zellleibes betrachten dürfe.

Um einen Infectionsstoff zu gewinnen, liess ich mit Wasser versetzte Bäckerhefe durch Wochen faulen. An der Oberfläche der Masse sammelte sich eine intensiv jauchig riechende, opalisirende dünne Flüssigkeit. Von dieser benützte ich 3 cm^3.

Versuch vom 25. Jänner 1892. Einfluss einer Infection auf die Kohlensäureentwickelung.

Im Topfe (B der Fig. 4) befindet sich kein Wasser. 11 h 30' Mischung von 15 gr Hefe mit 150 cm^3 10 % Zuckerlösung.

Beginn	Ende	Dauer	Temperatur im	
der Entwickelung von 49 cm^3 CO_2			Topfe	Gähr-kolben
3 h 13′ 5″	3 h 22′ 47″	9′ 42″	22·1 °C	23·6 °C
24′ 48″	33′ 54″	9′ 6″		
35′ 43″	43′ 13″	7′ 30″	22·2	23·9
3 h 48″ werden 3 cm^3 faulenden Hefewassers eingegossen.				
3 h 50′ 17″	3 h 55′ 56″	5′ 49″	22·5	24·1
4 h 0′ 18″	4 h 4′ 58″	4′ 40″	22·5	24·3
8′	12′ 30″	4′ 30″	22·5	24·4
15′ 10″	19′ 44″	4′ 34″	22 9	24·5
21′ 49″	26′	4′ 11″	22·9	24·6
29′ 13″	33′ 33″	4′ 20″	23·1	24 7
35′ 52″	39′ 51″	3′ 59″	23·8	25·0
42′ 57″	46′ 55″	3′ 58″		25·2
49′ 32″	53′ 28″	3′ 56″		25·3
56′ 3″	59′ 30″	3′ 27″	24·5	25·6
5 h 2′ 25″	5 h 5′ 45″	3′ 20″	24·1	25·7
8′ 16″	11′ 42″	3′ 26″	24·5	25 8
14′ 12″	17′ 35″	3′ 23″	24 8	26 0
20′ 28″	23′ 48″	3′ 20″	24·9	26 3
26′ 25″	30′	3′ 75″	25·0	26 4
33′ 7″	36′ 48″	3′ 41″		26·6
39′ 27″	43′ 5″	3′ 38″	25·2	26·7
46′ 21″	50′ 10″	3′ 49″	25·5	26·9
52′ 46″	56′ 37″	3′ 51″	25·4	27·0
59′ 2″	6 h 3′ 25″	4′ 23″	25·2	27·1
6 h 5′ 43″	10′ 19″	4′ 36″	25·1	27·1
13′ 21″	19′ 47″	6′ 26″	25·3	27·1

Die Fig. 11 gibt die Resultate des Versuches in Gestalt
von Curven wieder. I entspricht dem Verlaufe der Kohlensäureentwickelung, A der Temperatur im Gährkolben, B der
Temperatur im Topfe, der bei diesem Versuche nicht mit
Wasser gefüllt war.

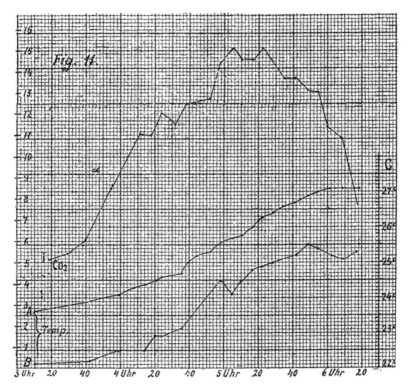

Bis zu dem Punkte α, wo die Infection durch 3 cm^3 faulenden Hefenwassers erfolgte, hielten sich alle 3 Factoren
langsam ansteigend auf normaler Höhe. Hier aber sieht
man die Geschwindigkeit der Kohlensäureentwickelung rasch
zunehmen, bis sie nahezu das 3fache ihres Werthes erreicht
hat. Zugleich steigt die Wärme in und um den Kolben, innerhalb aber rascher, denn der Abstand der beiden Curven
vergrössert sich.

Es ist kein Zweifel, dass die Einverleibung jener kleinen
Menge einer von Bacterien wimmelnden Flüssigkeit die Ursache
dieses enormen Aufschwunges war. Allein verursachte sie
keine Vergährung von Zucker, noch äusserte auf gährende
Hefe der Einguss blossen Wassers eine ähnliche Wirkung,
wie diesbezügliche Control-Versuche bewiesen. Es musste
also das von der faulenden Hefe stammende Wasser Bestandtheile enthalten, welche im Stande waren, die Gährungs-
organismen zu so auffallend energischer Thätigkeit zu excitiren.

Die Fäulnisflüssigkeit nun enthielt offenbar zwei Arten
beigemengter Stoffe: Erstens eine grosse Menge verschiedener
Fäulnismikroorganismen und zweitens die Producte ihres Stoffwechsels, eingeleitet auf den Leibern von Hefezellen als Nähr-
substrat. Die Ersteren waren leicht zu eliminiren. Ich kochte
nämlich die Fäulnisflüssigkeit durch längere Zeit. Es fiel ein
reichliches compactes Coagulat heraus, von dem vollständig
klar abfiltrirt werden konnte. 3 cm³ des Filtrates in den Gährkolben gebracht, waren nun allerdings auch im Stande, eine
Steigerung der Stoffwechselgeschwindigkeit hervorzurufen;
sie fiel aber um vieles geringer aus. Daraus folgt, dass die
lebenden Mikroorganismen wenigstens nicht allein die Ursache
des Phänomens waren, sondern dass ihre Stoffwechselproducte
daran participirten.

Zahlreiche Stoffe wie Nicotin, Strychnin, Kreatinin (Liebig[*])
und, was sehr merkwürdig ist, viele Gährungsgifte in sehr
verdünntem Zustande vermögen die Gährung zu steigern.
Diese Steigerung aber ist gering; es findet kein Aufschwellen
auf ein Vielfaches der ursprünglichen Intensität statt. Ausser-
dem darf man den Zustand nach der Infection keine blosse
Steigerung nennen. Dies geht schon aus dem unfreiwilligen
Experimente des Brauers hervor, dessen Bier verdarb, also
deutlich bewies, dass die Endproducte des Processes durch
das störende Eingreifen einer geringen Anzahl fremder Organismen andere waren. Jetzt wurde das Verhalten inficirter
Hefe bei Temperaturveränderungen beobachtet.

---

[*] Über Gährung, Quelle der Muskelkraft und Ernährung. Leipzig 1870.

Versuch vom 4. Februar 1892. Zwei Gährkolben; Infection des Einen; Einfluss der Temperatursteigerung auf Beide.

12 h 35' werden je 15 gr Hefe mit 150 cm^3 10%iger Zuckerlösung gemischt und zugleich in den Kolben II 3 cm^3 faulender Hefeflüssigkeit eingegossen.

Kolben I.   Kolben II.

Beginn	Ende	Dauer	Temperatur am		Beginn	Ende	Dauer	Temperatur am	
der Entwickelung von 49 cm^3 CO_2.			Anfang	Ende	der Entwickelung von 49 cm^3 CO_2.			Anfang	Ende
			°C					°C	
3h 22' 51"	3h 36' 3"	13' 12"	20·9	—	3h 13' 48"	3h 21' 21"	7' 33"	20·9	—
46' 12"	57' 39"	11' 17"			37' 58"	44' 57"	6' 59"	20·9	—
4h 7' 3"	18' 49"	11' 46"	21·0	—	59' 3"	4h 5' 30"	6' 27"	21·0	—
4h 20' wird die Flamme unter dem Topfe angezündet.									
28' 2"	54' 2"	6'	21·8	24·2	4h 21' 15"	26' 18"	5' 3"	21·0	22·3
39' 23"	42' 51"	3' 28"		30·0	35' 45"	38' 30"	2' 45"	25·8	29·0
47' 20"	50' 3"	2' 43"	31·4	34·5	44' 8"	46' 3"	1' 55"	31·2	33·7
54' 14"	56' 17"	2' 3"	35·4	37·7	51' 24"	53' 4"	1' 40"	35·0	36·9
5h 0' 12"	5h 2' 11"	1' 59"	38·4	40·3	57' 32"	52' 7"	1' 35"	37·8	39·6
5h 4' wird die Flamme ausgelöscht.									
7' 16"	9' 35"	2' 19"	41·1	41·2	5h 4' 3"	5h 5' 41"	1' 38"	40·5	41·5
14' 2"	16' 37"	2' 35"	41·2	40·7	10' 44"	12' 46"	2' 2"	41·5	41·2
22' 31"	25' 30"	2' 59"	40·4	39·7	17' 57"	21' 23"	3' 26"	40·9	40·2
40' 3"	44' 25"	4' 22"	38·3	36·3	26' 45"	38' 45"	12'	39·9	38·0

In diesem Versuche wurde die Infection sofort nach der Vermischung der Hefe mit der Zuckerlösung, also noch vor Beginn der Gährung vorgenommen. 3 Stunden später begann ich mit den Kohlesäurebestimmungen und fand die Stoffwechselintensität in dem inficirten Kolben II nicht ganz doppelt so gross als in dem normalen. Bei β (Fig. 12) ist der Anfang einer künstlichen Temperatursteigerung durch eine unter dem mit Wasser gefüllten Topfe angezündete Flamme. Man sieht die Kohlensäureentwickelung in beiden Kolben rasch in die Höhe gehen und es fällt sofort die grosse Aehnlichkeit der

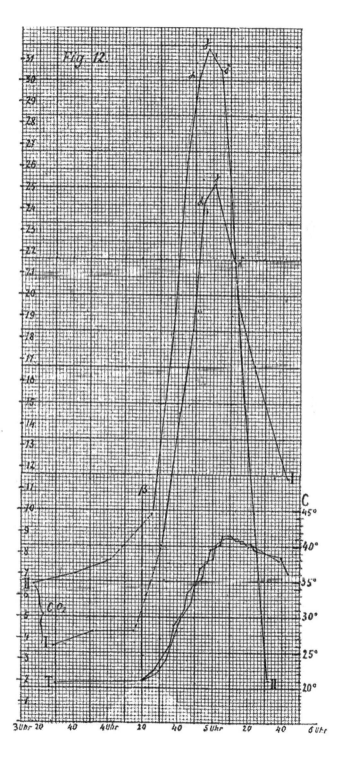

Fig. 12.

beiden Curven auf. Die plötzliche Knickung bei α, welche schon früher (Seite 38) erwähnt wurde, der definitive Abfall bei γ fast bei der gleichen Temperatur und zur selben Zeit, die Beschleunigung des Abfalles bei δ zeigen, dass beide principiell den gleichen Gesetzen gehorchen. Die Curven kreuzen sich zwar schliesslich, aber offenbar nur deshalb, weil der Zucker in dem rascher gährenden inficirten Kolben früher aufgezehrt ist, als in dem normalen.

Die Spitzen der beiden Curven aber stehen 2·5 mal weiter von einander ab als die Anfangsstücke. Es erfährt daher der Stoffwechsel des inficirten Protoplasmas eine viel stärkere Erhöhung — eine merkwürdige Analogie mit dem von Wunderlich stark betonten Umstande, dass die Temperatur des fieberkranken Menschen auf Eingriffe aller Art viel leichter und ausgiebiger schwanke als die des Gesunden. Das inficirte Protoplasma ist erregbarer.

Um auch etwas über den Einfluss chemischer Präparate, welche Beziehungen zum Fieber oder zur Gährung haben, zu erfahren, wurden die folgenden zwei Versuche gemacht. Es wäre leicht und gewiss auch lehrreich, ähnliche zu erfinden und es wäre nicht unmöglich, dass sie mit einer microscopischen Beobachtung der betheiligten Organismen nach der Infection combinirt Aufschlüsse über Verhältnisse geben, deren Bedeutung weit über das Bereich der Gährungslehre geht.

Versuch vom 26. Jänner 1892. Zwei Gährkolben; Infection des Einen; Einfluss von Antipyrin auf Beide.

11 h 15' werden je 15 gr Hefe mit 150 cm³ 10%iger Zuckerlösung gemischt.

Gährkolben I.   Gährkolben II.

Anfang	Ende	Dauer	Kolben I	Topfe	Kolben II	Anfang	Ende	Dauer
der Entwickelung von 49 cm³ CO₂			Temperatur im			der Entwickelung von 49 cm³ CO₂		
			°C	°C	°C	3 h 2' 32"	3h 13' 7"	10' 35"
3h 14' 22"	3h 24' 39"	10' 17"	21·9	21·6	21·9	26' 36"	37' 3"	10' 27"
48' 29"	57' 58"	9' 29"	21·9	21·6	21·9			
						3 h 58' werden in den Kolben II 3 cm³ faulenden Hefenwassers eingetragen		
					21·9	3h 59' 28"	4h 6' 31"	7' 3"
4h 15' 32"	4h 23' 30"	7' 58"	21·9	21·6	22·0	4h 8' 17"	14' 3"	5' 46"
32' 44"	41' 25"	8' 41"	21·9		22·0	24' 40"	31' 11"	6' 31"
			21·9		22·0	42' 31"	49' 24"	7' 7"
4 h 52' werden in beide Gefässe je 10 cm³ einer 2%iger Antipyrinlösung eingetragen.								
			21·8		22·2	4h 53' 20"	5h 2' 3"	8' 43"
5h 3' 7"	5h 10' 45"	7' 38"	22·1	22·3	22·3	5h 11' 47"	18' 3"	6' 20"
19' 14"	28' 14"	9'	22·2		22·6	28' 30"	34' 50"	6' 30"
35' 3"	44' 38"	9' 35"	22·2	22·5	22·6	45' 35"	51' 43"	6' 6"
52' 53"	6h 1' 35"	8' 43"				6h 0' 23"	6h 8' 27"	6' 4"

Versuch vom 23. Februar 1892. Einfluss von Menthol auf die Infection.

11 h 55' werden je 15 gr Hefe mit 150 cm³ 10%iger Zuckerlösung gemischt. Zugleich kommen in den Kolben I 11 cm³ einer Flüssigkeit von der Zusammensetzung

Menthol 1,0
Alcoh. 20,0
Aq. dest. 50,0

Da die Flüssigkeit sehr trüb ist, ist nur ein geringer Theil des Menthols gelöst. In dem Kolben II werden ebenfalls im Beginne 3 cm³ faulender Hefeflüssigkeit eingegossen.

Gährkolben I				Gährkolben II		
Anfang	Ende	Dauer	Temperatur im Topfe	Anfang	Ende	Dauer
der Entwickelung von 49 cm^3 CO_2				der Entwickelung von 49 cm^3 CO_2		
1 h 17′ 27″	1 h 29′ 3″	11′ 36″	22·2°C	1 h 8′ 10″	1 h 16′ 26″	8′ 16″
37′ 5″	47′ 2″	9′ 57″	22·4	29′ 46″	36′	6′ 14″
3 h 21′ 18″	3 h 34′	12′ 42″	22·7	3 h 35′ 2″	3 h 41′ 12″	6′ 9″
3 h 45′ werden in den Kolben I 3 cm^3 faulender Hefeflüssigkeit eingegossen.				3 h 43′ werden in dem Kolben II 11 cm^3 Menthollösung eingegossen.		
3 h 53′ 30″	4 h 4′ 3″	10′ 30″		3 h 45′ 47″	3 h 52′ 39″	6′ 52″
4 h 13′ 50″	24′ 22″	10′ 32″	22·9	4 h 5′ 30″	4 h 12′ 47″	7′ 17″
36′	46′	10′		25′ 47″	34′ 13″	8′ 26″
				47′ 52″	57′ 42″	9′ 50″

In dem ersten der beiden Versuche wurde sehr spät, nachdem nämlich die Gährung bereits 5 Stunden gedauert hatte (Fig. 13 bei α), der eine der beiden Kolben mit faulender Flüssigkeit beschickt. Die Steigerung des Stoffwechsels, welche diesmal die Infection hervorrief, war nicht von Dauer. Als dieselbe bereits stark im Absinken begriffen war (Fig. 13 b), goss ich in jedes Gährgefäss je 10 cm^3 einer 2%-igen Antipyrinlösung ein. Die Reaction war an beiden Orten fast entgegengesetzt. Die reine Hefe entwickelte nach dem Eingriff zuerst mehr Kohlensäure und hierauf weniger als unmittelbar vorher, die inficirte zeigte zuerst eine deutliche Hemmung, hierauf eine Beschleunigung ihres Stoffwechsels. Die Temperatur, welche sich nach der Infection in der betroffenen Gährflüssigkeit etwas steigert, sieht man nach Einverleibung des Antipyrins in beiden Kolben sehr stark in die Höhe gehen. Sie ist jedoch kaum eine Folge dieser Procedur, sondern, da, wie aus dem Protokolle (Seite 71) ersichtlich ist, im Topfe die Temperatur eine parallele Veränderung zeigte, durch die Erhitzung des Laboratoriums, das plötzlich und zufällig zur selben Zeit durch eine Anzahl von Gasflammen erleuchtet und geheizt wurde, verursacht. Eine der antipyretischen Wirkung des Präparates analoge trat also hier nicht zu Tage. Hingegen ist die Aehnlichkeit zwischen medicamentöser Antipyrese und dem Verlaufe des zweiten Versuches (Seite 72), nämlich mit Menthol, auffallend.

Es sei ferne von uns — und wir halten es für nothwendig, es ausdrücklich zu betonen, — die in diesen Zeilen geschilderten Verhältnisse ohne Rückhalt den pathologischen Processen im thierischen Organismus gleichzusetzen, sondern wir stellten die Versuche in der Absicht an, zu erforschen, ob das Protoplasma einzelliger Organismen nicht Zustände habe, in denen die Lebensäusserungen desselben ähnliche

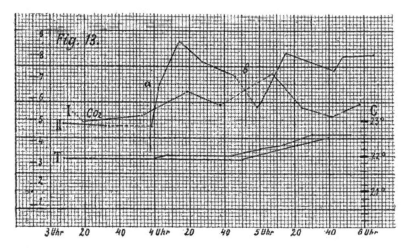

Veränderungen zeigen, wie diejenigen eines hochorganisirten Zellenstaates, wie ihn das Thier als solches darstellt. Wenn es gelang, zu zeigen, dass ein ganz complicirter dem fieberhaften Processe des Säugethieres ähnlicher Symptomencomplex sich aus dem anscheinend so einfachen und für niedrig geachteten, künstlich krank gemachten Leibe einer Hefezelle gewinnen lässt, dann ist zum Mindesten das gewonnen, dass Jeder, der das Fieber zu erklären sucht, sich in erster Linie fragen muss, ob er es nothwendig habe, zum Aufbaue seiner Theorie das zweifelhafte Materiale der Nerven- und Gefässwirkungen, mit denen man allerdings erklären kann, was man will, heranzuziehen.

In dem erwähnten Versuche nun wurde in den Kolben I gleich im Beginne eine sehr geringe Menge von Menthol eingetragen. Das Menthol ist ein heftiges Gährungsgift, denn

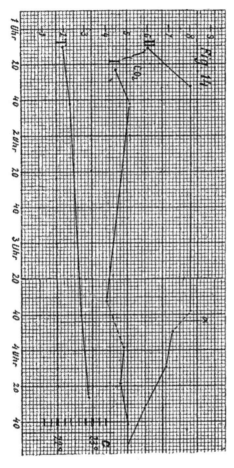

0·1 *gr* davon in eines der Gefässe gebracht, verhindert oder vernichtet rasch jede Gährung. Die Menge, welche hier zur Anwendung kam, war aber so gering, dass, wie der Verlauf der Curve I in Fig. 14 zeigt, die Intensität des Stoffwechsels sich auf normaler Höhe erhielt. Ebenfalls im Beginne wurde der Kolben II inficirt und die Curve II zeigt die dadurch bedingte beschleunigte Kohlensäureentwickelung. Bei α wurde die inficirte Gährflüssigkeit mit derselben Menge von Menthol versetzt, wie vorher, nämlich im Beginne des Versuches, diejenige des anderen Gährkolbens; die Stoffwechselcurve sinkt ab und beweist, dass, genau wie die Antipyretica beim fiebernden Thiere, eine geringe Menge eines Stoffes, die auf den normalen Organismus keinen Eindruck machte, auf den inficirten eine stark depressive Wirkung ausüben kann. Die unter Menthol scheinbar unverändert gährende Flüssigkeit des Kolbens I (Curve I Fig. 14) wurde bei α mit 3 cm^3 faulender Hefeflüssigkeit inficirt. Die Wirkung war gering. Wir sehen also dieselbe kleine Mentholmenge nicht nur die Wirkung einer bereits erfolgten Infection vernichten, sondern auch den Eintritt derselben verhindern.

Es wird später unsere Aufgabe sein, zu beweisen, dass es nicht erlaubt ist, zwischen Fiebermitteln zu unterscheiden, welche auf das erkrankte Protoplasma wirken und solchen, die die Wärmeabgabe steigern. —

Nach den Versuchen von Horvath und Paul Bert verhindert ein längere Zeit fortgesetztes Schütteln einer Mikroorganismen enthaltenden Flüssigkeit die Entwickelung der Ersteren. Da der Einfluss direct gegen das Protoplasma ausgeübter mechanischer Traumen durch abnorme corpusculäre Bestandtheile des Blutes bei der Aetiologie des Fiebers nicht ausgeschlossen werden kann, lag es nahe, auch diesen Punkt an der Hefe zu untersuchen.

Versuch vom 22. Jänner 1892. Einfluss des Schüttelns auf die Kohlensäureentwickelung.

12 h 7′ Mischung von 15 gr Hefe mit 150 cm^3 10%iger Zuckerlösung. Zimmertemperatur 18°C.

Beginn	Ende	Dauer	Anmerkung.
der Entwickelung von 62 cm^3 CO_2.			
4 h 13′	3 h 23′ 30″	10′ 30″	
27′	38′ 30″	11′ 30″	
41′	50′ 42″	9′ 42″	
55′	4 h 6′	11′	
4 h 10′	11′ 30″	1′ 30″	Während dieser
12′	13′ 30″	1′ 30″	Zeit wurde der
—	—	—	Gährkolben stark
20′	27′ 30″	7′ 30″	geschüttelt.
30′ 30″	45′ 30″	15′	
52′ 30″	5 h 3′ 45″	11′ 15″	
5 h 13′	19′	6′	
22′	32′ 30″	10′ 30″	
37′ 30″	49′	11′ 30″	

In Fig. 15 ist der Verlauf graphisch dargestellt. Zwischen a und b, wo der Kolben stark geschüttelt wurde, entwichen grosse Mengen von Kohlensäure, welche natürlich mechanisch ausgetrieben waren. Das Schütteln wurde ausgesetzt, als bei b das langsamere Entweichen der Kohlensäure anzeigte, dass der grösste Theil des gelösten Gases entfernt war. Das Sinken der Ausscheidung ging in der Ruhe weiter bis unter das normale Niveau (c), vielleicht nur deshalb, weil die

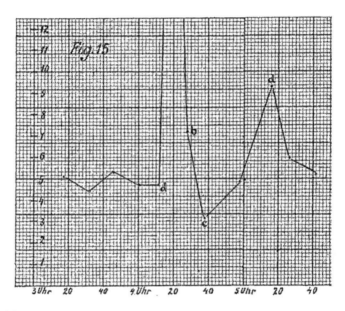

Kohlensäure, welche jetzt gebildet wurde, an Stelle der ausgetriebenen in der Flüssigkeit suspendirt blieb. Jetzt aber steigt die Curve mächtig an und erreicht in d einen zweiten Gipfel. Dieses spontane Ansteigen ist der Ausdruck einer Stoffwechselbeschleunigung im Anschlusse an einen mechanischen Insult.

Was in allen diesen Untersuchungen zu Tage tritt, ist der Umstand, dass Momente, welche bei grösserer Intensität oder längerer Dauer den Untergang des Organismus herbeiführen, eine Steigerung seiner Lebensthätigkeiten bewirken, wenn ihr Angriff mit geringerer Wucht geschieht. Dass das Fieber die Reaction auf ein Gift sei, glaubte man immer, ja man glaubte sogar, dass es der Ausdruck des Widerstandes sei, den der betroffene Organismus gegen den Eindringling unternehme; denn es hatte eine lange Erfahrung gezeigt, dass die Prognose eine schlechtere sei, wenn der Kranke im Fieber nicht die heftigen Reactionserscheinungen zeigte, die man sonst im gleichen Falle zu sehen gewohnt und als Zeichen einer wirksamen Gegenwehr zu deuten geneigt war. Wenn es sich aber zeigt, dass alle gegen das Protoplasma gerichteten Traumen es erst lähmen und dann tödten, wenn sie mit relativ grosser Macht auf dasselbe eindringen, sonst hingegen es gewissermassen nur zu verwunden und aufzustacheln vermögen, dann hat man darin eine Erklärung für die heftigen Erscheinungen in dem einen, die Schlaffheit in dem anderen Falle und für die Gefährlichheit der Letzteren.

* * *

Am Schlusse dieses Capitels sei noch ein Vorkommnis geschildert, das im Anschlusse an das Vorhergehende nicht ohne Interesse ist. Ich stellte nämlich eine grosse Anzahl von Versuchen mit keimendem Roggensamen an. Ich mass die Temperatur unter den verschiedensten Verhältnissen, konnte jedoch nicht mehr constatiren als die bekannte Thatsache, dass bei Steigerung der Aussentemperatur der Stoffwechsel bis zu einem gewissen Grade zunahm. Ich füllte die Samen in 4 Gefässe von verschiedenem Inhalte und setzte sie im Brutofen bestimmten Temperaturen aus. Da die Gefässe (Bechergläser) relativ verschieden grosse Oberflächen hatten, musste auch die Wärmeaufnahme, respective -Abgabe entsprechend sein. Ich gedachte nun die optimale Temperatur so zu finden, dass ich immer mehr erwärmte und zusah, wann die Temperatur der grossen Gefässe, welche immer höher sein musste, diejenige der kleinen am meisten überstieg; denn man konnte dann annehmen, dass sich die Ersteren in der optimalen Temperatur, d. h. der des lebhaftesten Stoffwechsels befänden, wenn aber bei weiterer Steigerung die Differenz abnehme, dass dann die kleinen Mengen gegen dieselbe aufrückten.

Dieser Plan wurde zweimal durch einen eigenthümlichen Vorgang vereitelt. Wenn der Thermostat üher 40° C. eingestellt war, begann die Temperatur der Keime rasch und hoch zu steigen, so dass es mir auffiel und ich nachsah. Zwischen den Keimen fanden sich dichte Pilzrasen, die sich unter dem Mikroscope als mit massenhaften Bacterien vermengt erwiesen. Aus dem Brutofen genommen, blieben diese Samen andauernd heisser als die reinen. Durch gründliches Waschen und Lüften konnte die Pilzvegetation unterdrückt werden und die Samen waren gerettet; sonst wurden sie welk und gingen zu Grunde.

VI. Die Quellen der Fieberwärme.

Ich denke mir einen fiebernden Organismus in seine Zellen zerlegt; dadurch erhalte ich fiebernde Zellen. Man wird nicht leugnen wollen, dass Zellen fiebern können. Das Fieber bezeichnet man heutzutage verächtlich als einen Symptomencomplex und glaubt damit gewissermassen seine Wesenlosigkeit auszusprechen und den Mangel an Existenzberechtigung im Systeme. Aber unsere ganze Erkenntnis von Krankheiten beruht nur auf der Erfassung von Symptomencomplexen, denn das Symptom ist die sinnfällige Aeusserung eines Unbekannten, das wir unter dem Namen eines Zustandes individualisiren. Die »Krankheit an sich« ist uns ein ebenso unlösbares Räthsel wie das »Ding an sich« den Philosophen. Wir haben nur nicht die Pflicht wie jene, uns über die naive Anschauungsweise des in dem Glauben an den transcendenten Hintergrund der an seine Sinne gelangenden Signale befangenen Menschen zu erheben.

Wir wollen damit sagen, dass wir mit Recht in den dem fiebernden Körper entstammenden Protoplasmen von dem ersten Momente eines Schüttelfrostes an einen Zustand erwarten dürfen, der in gewissen Beziehungen anders sein muss als der normale, einen fieberhaften Zustand. Wohl ist der Inhalt dieses Krankheitsbegriffes jetzt noch spärlicher als der vieler anderer, aber er ist nicht minder scharf charakterisirt. Die hervorstechendste Eigenschaft der Fieberzelle ist ihre hohe Temperatur. In der sonstigen Natur hat eine Temperaturschwankung von der hier in Betracht kommenden Grösse kein solches Gewicht wie ·bei der thierischen Zelle, deren ganze Existenz innerhalb verhältnismässig geringer Temperaturgrenzen eingeschlossen ist. So muss man eine Fieberzelle heiss nennen, weil sie sich nur um 3º C. erwärmt hat. Ob aber die Fieberzelle nichts weiter ist als eine heisse?

Auch die Zellen eines Entzündungsherdes sind heiss.
Sie sind heiss durch sich selbst, durch Vorgänge, deren Sitz
das Protoplasma der Zelle ist, denn es ist durch eine Reihe
von Untersuchungen (John Simon, O. Weber, Billroth, G.
Zimmermann, Mosengeil u. A.) erwiesen, dass an dem Orte
der Entzündung eine höhere Temperatur herrscht als in den
Arterien. Dass die Producte der Entzündung resorbirt und
zu Fiebererregern werden können, erscheint nach den Injec-
tionsversuchen, welche Billroth und zugleich Otto Weber an-
stellten, als sicher, so dass man den Eindruck erhält, dass
Fieber und Entzündung ähnliche Processe seien, einmal über
den ganzen Körper verbreitet, das andere Mal auf einen Ort
beschränkt, aber durch die Concentration des Giftes um so
heftiger.

Jedes Gewebe kann sich entzünden, darum kann auch
jedes fiebern und es ist kein Grund, eine besondere Zellen-
art, wie die der quergestreiften Musculatur, der gefährlichen
Anheizung des fieberhaft erkrankten Körpers zu beschuldigen.
Auch andere Gründe sprechen gegen die Annahme, welche
in die Musculatur allein den Sitz jener Transaction mole-
cularer Kräfte verlegt, deren Veränderungen die Ursache der
normalen und pathologischen Temperaturschwankungen ist.

Dass der arbeitende Muskel zunächst sich selbst erwärmt,
ist experimentell zweifellos festgestellt. Dieses ist vom Stand-
punkte der Zweckmässigkeit ein Fehler des musculösen Apparates, den er mit allen von Menschenhand gefertigten Be-
wegungsmechanismen theilt. Die lebendige Kraft, die hier
in Gestalt von Wärme zum Vorscheine kommt, ist für den
Organismus verloren.

In dem Muskel geht eine Menge von Processen vor sich,
deren chemische Endproducte in der Bewegung ihrer kleinsten
Theile einer geringeren Summe von lebendigen Kräften entsprechen, als die Stoffe, welche mit dem Blute zugeführt und
assimilirt worden waren. Die Differenz zwischen beiden
Grössen tritt als Massenbewegung, Ueberwindung von Rei-
bung, als Wärme in die Erscheinung; sie ist gleich der Summe
der äusseren Leistungen und des mechanischen Aequivalentes
der in der Muskelmasse frei werdenden Wärme. Wenn je-

mand seinen Arm in die Höhe hebt, dann hat er einer Masse,
nämlich der seines Armes, eine höhere Energie der Lage
ertheilt, und man muss nach dem Gesetze von der Erhaltung
der Kraft erwarten, dass irgendwo eine Masse ebensoviel an
Energie verloren hat. Es ist kein Zweifel, dass die bewe-
genden Muskeln die Kosten des ganzen Vorganges zu tragen
haben und sie vertheilen dieselben auf ihre kleinsten Theilchen
so, dass jedes derselben nachher in seinen Bewegungen ge-
schwächt, ja manche Atomcomplexe so träge werden, dass
sie aus dem Verbande der übrigen treten müssen — die
Endproducte des Stoffwechsels.

Durch alle diese Momente ist die in Wirklichkeit eintretende Erwärmung des Muskels, wenn er eine Masse hebt,
theoretisch nicht gefordert. Lässt man aber einen erhobenen
Arm langsam sinken, viel langsamer als er es frei herabfallend
thun würde, dann ist der gespannte Muskel ein Hemmungs-
apparat, eine Bremse, und man ist es gewohnt, in den Brems-
vorrichtungen einen genau so grossen Wärmezuwachs vor-
zufinden, als der scheinbar vernichteten lebendigen Kraft
entspricht.

Warum erwärmt sich dann der Muskel, der das Gegentheil thut, indem er eine Masse bewegt? Ein Muskel, zwischen
zwei festen Punkten ausgespannt, gleicht in dem Momente,
wo er innervirt wird, einem gedehnten elastischen Bande, insoferne beide danach streben, ihre Längendimension auf ein be-
stimmtes Mass herabzusetzen. Lässt man ein Ende des Bandes
los, dann schnellt es zusammen und wird warm. Es wird
in ihm so viel Wärme frei als der ganzen in ihm ursprünglich vorhandenen nunmehr aber verschwundenen Spannkraft
entspricht. Es wäre weniger Wärme frei geworden, wenn
es bei seiner Verkürzung eine Last gehoben hätte.

Dieses scheint nun bei der Muskelfaser nicht der Fall
zu sein. Sie erwärmt sich scheinbar um so mehr, je grösser
das Gewicht ist, das sie zu heben hat, am meisten, wenn sie
den Widerstand gar nicht überwinden kann (isometrische
Zuckung). Das letztere tritt z. B. dann ein, wenn sich An-
tagonisten zu gleicher Zeit zusammenziehen, wie im Tetanus,
wo auch thatsächlich enorme Temperatursteigerungen be-

obachtet worden sind. Die von Anrep *) beschriebene Temperatursteigerung im Verlaufe des nach Cocainvergiftung eintretenden Tetanus, hatte ich einmal Gelegenheit bei einem Hunde zu verfolgen, welchem durch einen Irrthum eine grosse Menge Cocain statt eines Narcoticums in die Jugularvene eingespritzt worden war. Er bekam heftige Streckkrämpfe und das in den Mastdarm eingeführte Thermometer stieg in kurzer Zeit bis auf 42·5⁰ C. Jetzt wurden, um das Thier zu retten, kalte Uebergiessungen angewendet, jedoch ohne Erfolg.

Das Freiwerden der Wärme bei tetanischen Zuständen kommt folgendermassen zu Stande: Wenn eine Muskelfaser zu einer Contraction innervirt wird, lagern sich ihre Theilchen derart um, dass jetzt zwischen ihnen eine Spannung von bestimmter Grösse besteht. Diese Spannung entspricht einer gewissen Arbeit, somit auch einer gewissen Wärmemenge. Hört sie auf, ohne Arbeit geleistet zu haben, dann muss sie in anderer Form, als Wärme da sein, denn vollständig verschwinden kann sie nicht. Fügt man noch hinzu, was Fleischl wahrscheinlich gemacht hat, dass jede Muskelcontraction eine Summe von vielen, die Gesammtwirkung eines wiederholten Entstehens und Vergehens von Spannungen sei, dann ist auch das Vielfache jener Wärmemenge erklärt, welche der einer Contraction entsprechenden Arbeit gleichkommt.

Diese Wärmemenge muss aber in dem Muskel auch frei werden, wenn er im Gegentheile sich vollständig frei verkürzen kann; er verwandelt die in ihm aufgestapelte Spannkraft in Bewegung seiner eigenen Elemente. Diese stürzen heftig aufeinander, wenn die Zusammenziehung ohne Widerstand erfolgt, und die Muskelmasse erwärmt sich bei diesem inneren Stosse ganz analog dem losgelassenen elastischen Bande.

Zwischen den beiden Extremen, wo einerseits die innervirte Faser unbeweglich gespannt und andererseits dieselbe vollständig freigelassen wird, liegen alle jene Fälle, wo sie gegen einen besiegbaren Widerstand ankämpft, mithin äussere Arbeit leistet. Da der Muskel sich bei einer übergrossen

---

*) Arch. f. Physiologie XXI.

wie bei vollständig fehlender Belastung in derselben Weise um das ganze Wärmeäquivalent seiner Arbeitsfähigkeit erwärmt, bei Belastungen, die dazwischen liegen, aber weniger, so entsteht die Frage, wann dieses am wenigsten geschieht, wann er mithin den grössten Theil seiner Spannkräfte in äussere Arbeit verwandelt. Offenbar ist dies dann der Fall, wenn die Innervation und mit ihr die entstehenden Spannkräfte der zu leistenden Arbeit möglichst nahe kommen. Sowohl der zu schwach als der zu stark innervirte Muskel arbeitet unöconomisch.

So wird es z. B. begreiflich, dass ein geübter Bergsteiger nicht ermüdet und nicht schwitzt wie ein des Kletterns Ungewohnter, oder dass ein gefangenes Eichhörnchen an heissen Sommertagen durch viele Stunden das Tretrad seines Käfigs treiben kann, ohne zu ermüden, weil die Musculatur sich der bestimmten Arbeit, welche in der Hebung und Fortschaffung der constanten Körperlast besteht, accommodirt hat und das richtige Mass der Innervation einhält.

Die unermüdlichste Muskelthätigkeit findet man bei der Chorea, ohne dass eine Temperatursteigerung einträte. Die Bewegungen der Choreatischen haben den Charakter der Coordination, wie die gewollten. Sie bestehen aus einer Reihe von zwar zwecklos wiederholten, aber im Einzelnen wie zielbewusst ausgeführten Handlungen. Darum fallen sie in das Bereich der gewohnten, öconomischen und wenig Wärme producirenden Muskelcontractionen.

Merkwürdig musste es uns erscheinen, als wir bei einer Hysterischen, welche durch 3 Tage fast ununterbrochen die heftigsten hystero-epileptischen Anfälle mit Opistotonus u. s. w. hatte, die Temperatur im Beginne normal, später langsam bis auf 36·8° C. sinken sahen.

Derjenige Muskel, welcher die gleichmässigste Arbeit zu verrichten, daher am meisten Gelegenheit hat, sich zu accommodiren, ist das Herz. Und dennoch kann man sagen, dass keines Muskels Arbeit so vollständig in Wärme umgesetzt werden muss, wie diejenige des Herzens. Denn die lebendige Kraft, die es in seinen rastlosen, kraftvollen Contrac-

tionen auf die Blutmasse überträgt, wird auch im Körper
wieder vernichtet. Das mächtig hinausgeschleuderte Aorten-
blut kehrt träge durch die Venen in das Herz zurück. Irgendwo hat es seine lebendige Kraft verloren; da es keine äussere
Arbeit geleistet hat, konnte es nicht anders als durch Umwandlung in Wärme bei Ueberwindung der Widerstände im
Gefässsystem geschehen. Rayne*) glaubt $^1/_{10}$ der gesammten
im Körper freiwerdenden Wärme auf Rechnung des Herzens
setzen zu können. Wenn man auch vielleicht Anstand nehmen
muss, die Schätzung für genau und die speciellen Erklärungen Rayne's der Temperatursteigerung im Tetanus, der
Wirkung des Alkohols auf die Temperatur u. s. w. aus-
schliesslich aus Variationen der Herzarbeit angeregt durch
Wechsel der Innervation und der peripheren Widerstände des
Blutstromes für unanfechtbar zu halten, so muss man doch
im Principe zugeben, dass in allen Zuständen, welche die
Leistungen des Herzens ändern, die durch dasselbe dem
Körper vermittelte Wärmemenge ebenfalls geändert wird.
Wenn also im Fieber die raschere Schlagfolge und die
Spannung des Pulses einer höheren Leistung des Herzens
entspricht, dann gehört auch dieses mit zu den Erzeugern
der abnormen Temperatursteigerung im Fieber.

Man sieht hier einerseits die Wärmemenge, welche ein
Muskel liefert an die Ausführung einer Contraction oder
wenigstens an ein Streben nach derselben, nämlich an die
Erhöhung des Tonus gebunden; andererseits ist es nachgewiesen worden, dass der gelähmte Muskel seinen Stoffwechsel
auf ein Minimum herabsetzt und sich abkühlt (Schmitz,
Bärensprung, Nothnagel u. A.). Man hat sich nun ziemlich
allgemein durch die Sinnfälligkeit der Erscheinungen an
diesem Gewebe, durch die Grösse seiner Stoffwechselschwan-
kungen und die leichte Zugänglichkeit seiner Nerven für das
Experiment dazu verleiten lassen, gerade in ihm den Ort zu
vermuthen, wo in der Norm der Stoffwechsel und die Temperatur regulirt, im Fieber aber zu der pathologischen Höhe
gebracht wird, die sein Hauptsymptom ist. Man schrieb dem

---

*) Rayne. Lancet II, 1. July 1875.

Muskelgewebe dabei eine besondere, von seiner sonstigen Bestimmung als Bewegungsmechanismus vollständig getrennte
und durch eigene Nerven beherrschte Thätigkeit zu.

Man kann jede Muskelcontraction als eine Wärmequelle
für den Organismus ansehen. Man muss aber sehr kritisch
zu Werke gehen, will man den Werth derselben nicht gründ-
lich verkennen. Es ist immer zu überlegen, wie viel der
Muskel dabei hätte leisten können. Im Fieberfrost beobachtet
man fibrilläre Zuckungen und alsbald werden sie beschuldigt,
die Temperatur zu steigern. Diese Annahme zu begründen,
dürfte schwer gelingen. Es sind dies Zusammenziehungen,
deren mechanischer Effect, wenn er zur Geltung kommen
könnte, gewiss nur ein sehr geringer wäre. Darum ist es wahrscheinlich auch die ihnen entstammende Wärme.

Der ruhende Muskel unterscheidet sich principiell absolut
nicht von allen anderen athmenden Geweben. Auch diese entbinden Wärme u. z. in ganz bedeutendem Masse, wie es
Claude Bernard und Heidenhain für die Niere nachwiesen,
deren Venenblut wärmer ist als das der anderen Bauchorgane.
Wenn demnach die fibrillären Zuckungen anzeigen, dass im
Fieberfrost in den Muskeln etwas vorgehe, so beweisen sie
noch nicht, dass nicht auch jede andere Zelle des Körpers
sich an dem Processe betheilige, obwohl ihr die Mittel fehlen,
es so auffällig zu bekunden, wie der Muskel. Wenn es besondere Heizstellen gäbe, müssten sich dieselben zur Zeit des
raschesten Temperaturanstieges, im Schüttelfrost, über alle
anderen erwärmen, es müssten sich also die Muskeln, beziehungsweise diejenigen Organe, welche zum verhältnismässig grössten Theile von ihnen gebildet werden, wie die
Extremitäten, durch eine leicht nachweisbare Hitze als solche
Punkte documentiren, wovon bekanntlich das Gegentheil der
Fall ist, denn gerade sie werden im Fieberfroste kalt, wenn
im Rectum die Temperatur rapid in die Höhe schnellt.

So gelangen wir zu dem Begriffe der fiebernden Zelle
zurück, gleichgiltig welchem Organe sie entstammt, und es
handelt sich jetzt darum, zu finden, was sich in ihrem Protoplasma geändert haben mag, dass sie in diesen krankhaften,
hauptsächlich durch eine höhere Temperatur ausgezeichneten

Zustand gerathen konnte. Dass der Zustand der Gewebe im Fieber verändert sei, leugnet wohl niemand, sonst würde dieses ja nach den Annahmen derjenigen, welche bloss zugeben wollen, dass durch Gefässveränderungen an der Oberfläche eine Wärmeretention entstehe, direct zu einer Hautkrankheit gestempelt. Es wird also gewiss der Stoffwechsel der Zelle im Fieber geändert; dass er sich vermindere, hat noch keine der so überaus zahlreichen Untersuchungen ergeben, folglich ist er gesteigert, denn ein Drittes ist nicht möglich.

Was verstehen aber alle jenen Autoren unter dem Ausdrucke »Stoffwechsel?« Sie untersuchen den Verbrauch an Sauerstoff, die Ausscheidung von Kohlensäure oder beides oder die Ausscheidung der stickstoffhaltigen Endproducte durch den Harn. Damit ist jedoch der Begriff des Stoffwechsels noch lange nicht erschöpft und die Mengen jener Körper sind nicht im Mindesten charakteristisch für die Intensität derjenigen Processe im Protoplasma, welche eventuell die Ursachen einer gesteigerten Wärmeentbindung innerhalb des Zelleibes werden können. In der Pflanzenphysiologie kennt man zwei Arten von Stoffwechselvorgängen: wärmebindende und wärmebefreiende. Das, was man gemeinhin den Stoffwechsel der thierischen Zelle nennt, verdient diese allgemeine Bezeichnung nicht, denn es beschränkt sich lediglich auf die Vorgänge beim Zerfalle des Zelleibes, bei welchem allerdings immer Wärme entbunden wird. Die andere Hälfte der Lebensvorgänge, welche in der Neu- und Nachschaffung des Zerstörten besteht, wird übersehen, weil es der Forschung bisher noch nicht gelungen ist, sie an das Tageslicht zu ziehen. Pflüger, der sich mit dieser Frage beschäftigte, kam zu Resultaten, welche einen hohen Grad von Wahrscheinlichkeit besitzen. Wenn Atomgruppen dem Protoplasma einverleibt werden, verbrauchen sie Wärme, um vollgiltige Bestandtheile der lebenden Substanz zu werden; sie geben diese Wärme wieder ab, wenn sie auf die Stufe des gewöhnlichen todten organischen Stoffes herabsinken, um unter weiterer Wärmeentbindung oxydirt und ausgeschieden zu werden. Hat man also einen gesunden Organismus vor sich, der sein Gewicht nicht ändert, mithin ebensoviel nachbildet, als er in sich verbrennt, dann ist die in einer gewissen Zeit erzeugte Wärme allerdings theoretisch leicht zu berechnen, denn es ist in diesem Falle so, als wäre die Nahrung direct verbrannt worden, weil die bei der Assimilirung des Nahrungsmoleküles eintretende Wärmebindung gleich ist der Entbindung von Wärme bei dem Uebergange eines gleichgrossen Protoplasmamoleküles in den leblosen, weiter verbrennbaren Zustand. Wenn man also die eingeführten und ausgeschiedenen Stoffe kennt, hat man alle Factoren, welche zur Rechnung nothwendig sind.

Ganz anders ist es im Fieber, ebenso wie bei jeder Cachexie. Der Körper magert ab; es bildet die Zelle nicht nach, was sie von ihrem Leibe verbrennt. Es fehlen also die wärmebindenden Vorgänge der Assimilation und dieses äussert sich in einem Wärmezuwachs von absolut unberechenbarer Grösse.

Der scheinbare Wärmezuwachs bei Sistirung der regenerativen Vorgänge muss an Umfang vollständig der Uebergangswärme vom Lebenden zum Todten gleich sein. Er muss also auch bei jedem Tode eintreten und ist nach unserer Meinung die Ursache der postmortalen Temperatursteigerung, die man auf verschiedene Weise zu erklären versucht hat, und welche Valentin*) als eine physiologische Erscheinung bei geschlachteten Thieren nachweisen konnte. Quincke und Brieger**) beschäftigten sich genauer mit diesem Gegenstande und fanden eine allmählich abnehmende Wärmeproduction in den ersten 2 Stunden nach dem Tode. Ferner fanden sie die postmortale Entbindung von Wärme um so grösser, je höher die Temperatur im Momente des Todes war. Es sei hier das Resultat eines Versuches angeführt, den ich diesbezüglich an einem Kaninchen unternahm:

Vor der Tödtung betrug die Temperatur im Rectum des bei der Messung sich mässig sträubenden Thieres 40° C., die der Luft 26·4° C. Jetzt wurde das Thier getödtet und das Thermo-

---

*) Deutsch. Arch. f. klin. Med. Bd. VI.
**) » » » » » » XV.

meter sofort wieder in den Anus eingeführt. Es stieg auf
40·3⁰ C. Auf dieser Höhe blieb die Temperatur durch 8 Minuten,
dann sank sie und erreichte nach weiteren 7 Minuten wieder
40⁰ C., die Temperatur des lebenden Kaninchens. Um zu entscheiden, ob auch noch nach diesem Zeitpunkte, während
der todte Körper continuirlich auskühlte, in demselben Wärme
frei werde, notirte ich die Temperaturen in sehr kurzen
Zwischenräumen durch 2 Stunden und fertigte daraus mit
Zuhilfenahme der Zeiten eine Curve an. In einer erwärmten
Masse, welche ihre Wärme nach und nach an die Umgebung
abgibt, bildet, wie leicht zu beweisen ist, die Temperaturcurve
eine nach oben concave Linie. Die Curve, welche ich auf
die beschriebene Art erhielt, war nun erstens nicht regelmässig, sondern sie zeigte stellenweise leichte Convexitäten
nach oben, zweitens war die charakteristische Concavität nur
sehr leicht angedeutet. Daraus folgt, dass in der That Wärme
im Inneren des todten Körpers frei wird; dass sie aber nicht
continuirlich frei wird, sondern schubweise. Sie ist also nicht
eine Folge der etwa über den Tod hinaus fortgesetzten re-
gulären Stoffwechselvorgänge, sondern die Wärmeentbindung
geht mit dem Absterben der einzelnen Organe einher und sie
ist unregelmässig, da auch jenes unregelmässig und zu verschiedenen Zeiten erfolgt. So konnte ich an meiner Curve
sehen, dass eine ihrer Ausbiegungen, welche eine Erwärmung
andeutete, mit dem frühzeitigen Starrwerden der hinteren
Extremitäten zusammenfiel.

Dieser Vorgang hat nichts Geheimnisvolles an sich. Schon
die Aenderung des Aggregatzustandes, der Uebergang des
Moleküles aus dem beweglichen Zustande des halbflüssigen
Protoplasmas in den starren des geronnenen Eiweisses fordert
eine Abgabe von lebendiger Kraft, die in der Erwärmung der
eigenen Masse ihr Dasein verräth.

Etwas Aehnliches geht bei der Gerinnung gelösten Eiweisses vor sich:

Ich nehme etwa 200 *cm*³ Milch, deren Temperatur 18·6⁰ C.
beträgt. Eine geringe Menge Essigsäure zugesetzt bringt
sofort einen Theil derselben zur Gerinnung und die Flüssigkeit erwärmt sich im selben Momente auf 19·2⁰. Ich setze

eine neue Portion Essigsäure hinzu und erhalte 19·6⁰. Durch 8 malige Wiederholung dieser Procedur kann ich die Temperatur bis auf 20·2⁰ C. hinauftreiben. Es ist also hier eine Eiweisslösung, welche sich selbst um 1·6⁰ C. erwärmen kann, bloss dadurch, dass die vorher flottirenden Eiweissmoleküle ihre Beweglichkeit aufgeben — gerinnen.

Dieser Process ist natürlich mit der Entbindung der Uebergangswärme des Protoplasmas nicht identisch, denn jene ist ein Verlust an lebendiger Kraft durch eine Umlagerung im Inneren des Moleküles auf eine Art, wie sie Pflüger näher zu erforschen sich bemüht hat. Es ist aber mit Gewissheit anzunehmen, dass durch ihn ein Theil der postmortalen Temperatursteigerung zu Stande kommt und es ist nicht unmöglich, dass im Inneren der fiebernden Zelle Aehnliches eine Rolle bei der Erwärmung ihres Protoplasmas spielt, ohne dass es eine Aenderung derjenigen Factoren hervorbrächte, welche man als Stoffwechsel aufzufassen sich gewöhnt hat.

Eine weitere sehr wichtige Wärmequelle für das Fieber ist die Bindung des Wassers. Sie ist nach den üblichen chemischen Untersuchungsmethoden absolut nicht nachweisbar. Im folgenden Capitel werden wir zeigen, dass man mit grosser Wahrscheinlichkeit die auffallendsten Temperaturerscheinungen im Fieber gerade auf diese Form der Wärmeentbindung beziehen darf.

Da soeben ausgeführt wurde, dass dem Organismus ein Wärmezuwachs dadurch entstehen kann, dass die grossen organischen Moleküle sich von denen des Wassers trennen, könnte es als ein Widerspruch erscheinen, wenn jetzt behauptet wird, es werde Wärme frei, wenn eben jene Moleküle sich mit denen des Wassers verbinden. Der Widerspruch ist nur scheinbar. In dem ersten Falle wurde Wärme entbunden, weil aus dem Gemenge von stark bewegten Molekülen die grossen plötzlich einen Theil ihrer Bewegung, also ihrer lebendigen Kraft verloren und fest wurden; in dem zweiten Falle wird Wärme entbunden, weil eine Summe schwerer beweglicher organischer Moleküle die rasch bewegten Theilchen des Wassers zwischen sich nehmen und sie so eines Theiles ihrer lebendigen Kräfte berauben, sie binden. Das Volumen des organischen Körpers nimmt dabei zu, er quillt, aber er löst sich nicht. Experimentell lässt sich dieser Vorgang leicht veranschaulichen.

Eine hierher gehörige Beobachtung kann man in Leinenwebereien machen. Wenn die Leinwand gewebt ist, wird sie appretirt. Eine Form der Appretur besteht nun darin, dass das Gewebe befeuchtet und dann zwischen zwei eisernen Walzen durchgezogen wird, welche man hydraulisch mit etwa 20.000 Kilogrammen belastet. Aus dieser Presse kommt die Leinwand heiss und dampfend hervor. Ihr Volumen ist vergrössert, ihr Gewicht hat zugenommen, offenbar durch Aufnahme eines Theiles jener Wassermenge, welche zum Besprengen verwendet worden war. Das Wasser ist nicht etwa aufgesaugt oder hygroskopisch gebunden, denn die Leinwand trocknet nicht aus, sondern sie bleibt so voluminös und schwer. Die Leinenfaser besitzt also die merkwürdige Eigenschaft, unter hohem Drucke bei gewöhnlicher Temperatur Wasser zu binden u. z. auf eine Art, welche dem Processe der Quellung näher kommt als dem der Lösung, ohne jedoch mit ihm ganz identisch zu sein, denn die Leinwand erhitzt sich bei dem Vorgang wie bei einer Quellung, gibt aber das Wasser nicht wieder durch Verdunstung ab wie ein gequollener Körper es thut. Sie erhitzt sich übrigens nicht, wenn sie trocken durch die Presse geht, sie erhitzt sich auch nicht, wenn sie feucht bei hoher Temperatur (die Walzen sind hohl und heizbar) durchgezogen wird.

Ein bekanntes Beispiel aus der Physiologie der Pflanzen welches zeigt, dass durch blosse Wasserbindung in einem Organismus Wärmequantitäten frei werden können, welche diejenigen des Fiebers noch weit übertreffen, ist die Quellung der Samen vor der Keimung und vor der Einleitung des für dieselbe characteristischen Stoffumsatzes. So konnte ich bei einer Lufttemperatur, welche zwischen 21 und 23° C. schwankte, in 3 Gefässen, in welchen sich je 150 gr Gerste, Weizen und Roggen unter 500 cm³ Wasser befanden, beobachten, dass bei der Gerste und dem Weizen während zweier Tage die Temperatur auf 24° C., beim Roggen auf 27° C. stieg, worauf erst die Keimung begann.

Wenn nun von dem Protoplasma unserer fiebernden Zelle, über die wir vorläufig nicht mehr wissen, als dass sie wärmer geworden ist, nachgewiesen wird, dass sie nicht um so viel mehr Sauerstoff verbrauche und Kohlensäure ausscheide, dass aus der gesteigerten Intensität der Verbrennungsprocesse der Wärmezuwachs abzuleiten wäre, dann ist man noch lange nicht berechtigt zu sagen, sie hätte sich überhaupt nicht selbst so sehr erwärmt, sondern es seien die Apparate an der Peripherie des Körpers, welche dazu dienen, die Wärme nach aussen abzuführen, in Unordnung gerathen, denn es können in dem Zelleibe Vorgänge stattgefunden haben, welche trotzdem sie chemisch nicht zu controliren sind, dennoch grosse Wärmemengen entbinden. Um kurz zu resumiren und zugleich einen Theil des folgenden Capitels vorweg zu nehmen, lässt sich mit ziemlicher Gewissheit annehmen, dass der Anstieg der Temperatur zu Stande komme:

1. durch Wasserbindung — Quellung des Protoplasmas.
Möglich ist ferner:

2. ähnlich der Gerinnung, Zerfall von lösungsartigen Combinationen,

3. eine Verbindung beider Processe, indem Lösungswasser direct in gebundenes Wasser übergeht — Gelatinirung von Lösungen und

4. Lähmung der wärmebindenden, regenerativen Stoffwechselvorgänge des Protoplasmas.

VII. Die Wärmeabgabe im Fieber.

Seitdem die Wärme als eine zu messende und zu rechnende Grösse in die Physiologie und Pathologie eingeführt ist, scheint die ganze Literatur, welche sich mit der Wärme des gesunden und kranken Menschen beschäftigt, auf eine solidere Basis gestellt worden zu sein. Man begann Zahlen gegen einander abzuwägen, von denen die einen als Wärmeproduction aus den chemischen Endproducten des Stoffwechsels, die anderen als Wärmeabgabe aus den Resultaten calorimetrischer Untersuchungen gerechnet worden waren.

Zahlen stehen gegen Zahlen d. i. Behauptung gegen Behauptung. Brücke sprach in seinen classischen »Vorlesungen über Physiologie« ein hartes Wort, als er diesen ganzen Zweig mühevoller Forschung als unlogisch und unwissenschaftlich verwarf. Er wollte schon für den normalen Organismus nicht gestatten, dass Wärmeproduction und Wärmeabgabe mathematisch behandelt und verglichen würden, obwohl man doch hier bei dem gleichmässigen Verlaufe der Stoffwechselvorgänge noch am ehesten auf verlässliche Grössen gefasst sein durfte, wie wir uns im Vorhergehenden zu beweisen bemühten. Die Warnung dieses klaren Denkers wurde nicht beachtet, sondern man ging noch weit über das von ihm gerügte Mass hinaus, übertrug Gesetze, die schon für das Normale nicht stimmen wollten, auf Verhältnisse, deren Grundlage man heute noch nicht kennt, auf das Fieber. Für den riesigen Aufwand an Arbeitskraft hervorragender Männer hat die Pathologie nur wenig gewonnen, denn das Gebiet der Fieberlehre ist noch so dunkel wie zuvor.

Wenn wir nun Einiges über die Wärmeabgabe im Fieber vorbringen wollen, haben wir nicht die Absicht, uns in den grossen, aber fruchtlosen Streit zu mengen, ob die Temperatursteigerung im Fieber auf einer vermehrten Production oder verminderten Abgabe der Wärme beruhe; denn ebenso, wie die Messung der Wärmeproduction durch die im vorigen

Capitel angedeuteten Quellen für Wärme erschwert oder unmöglich gemacht wird, kann auch das Calorimeter nicht die
thatsächlich im unbeeinflussten Zustande von der Haut durch
Strahlung, Leitung und Fortführung abgegebene Wärme auf-
fangen und messen; es könnte dieses auch nicht leisten, wenn
es der denkbar vollkommenste physicalische Messapparat wäre,
weil jede Abschliessung eines Luftraumes um eine Hautpartie
die Verhältnisse dieses Luftraumes in Bezug auf Wassergehalt,
Temperatur u. s. w. sofort verändert, auf welche Veränderung
wiederum der zu untersuchende Organismus momentan mit
einer Wandlung seiner Oberfläche und damit seiner Wärmeabgabe reagirt. Man könnte sich vielleicht vorstellen, dass
normale Individuen auf den gleichen Eingriff auch in gleicher
Weise reagirten, und wenigstens diese unter einander vergleichen; zwischen dem Fiebernden und dem Gesunden hat
aber auch eine solche unbestimmte Relation keine Geltung.

Die Mittel, welche dem Organismus zu Gebote stehen,
um sich abzukühlen, kann man in 2 grosse Gruppen theilen:
1. in die inneren, welche alle jene Vorgänge umfassen, deren
Sitz das Protoplasma der kranken Zellen selbst ist und 2. in
die äusseren, welche an den verschiedenen Oberflächen des
Körpers wirksam sind.

Nach dem, was im vorigen Capitel gesagt worden ist,
sind die Mittel der ersten Gruppe theoretisch leicht zusammen-
zustellen. Erhitzt sich eine Zelle, wenn sie Wasser bindet
und quillt, so kühlt sie sich ab, wenn sie dieses Wasser
wieder frei gibt. Es gelangt in das Blut, wo es nicht ver-
weilen darf; denn, wenn das Serum an Concentration unter
diejenige der Blutkörperchen sinkt, dann löst es das Haemo-
globin desselben und es entsteht Haemoglobinurie. Dagegen
schützt sich der Organismus, indem er sich möglichst rasch
des Wassers in flüssigem und dampfförmigem Zustande ent-
ledigt und indem er in das Blut seine Vorräthe an Harnstoff
sendet, welche die Concentration des Serums zum Theile
wieder herstellen und sich während der Defervescenz in Gestalt der epicritischen Harnstoffausscheidung documentiren.
Vollständig scheint jedoch der Ausgleich der Concentration
nicht zu sein, wie wir sehen werden.

Die Wassermenge, welche bei der Harn- und Schweiss-
secretion frei wird, war vorher ein Bestandtheil der fiebernden Zellen. Als ihre Molecüle sich losrissen und die lebendige Kraft annahmen, die ihnen als Theilen einer Flüssigkeit
zukommt, verbrauchten sie lebendige Kraft, sie machten
Wärme latent, indem sie sie der Zelle entzogen, die sie bisher beherbergt hatte. Der Harn hatte also dem Körper
schon Wärme geraubt, als er die Gewebe verliess, bevor
er noch in die Blase gelangte, der Schweiss, bevor er noch
die Haut benetzte, und es ist sehr wahrscheinlich, dass die
abkühlende Wirkung flüssiger Stühle im Fieber auf gleiche
Weise zu erklären ist. Und wenn im Fieber die Secretion
grösserer Flüssigkeitsmengen stockt, in der Defervescenz aber
tüchtig in die Erscheinung tritt, dann sind dieses nicht Vorgänge, welche nebenher verlaufen, sondern sie sind kräftige
Mitarbeiter an den grossen Umwälzungen im Organismus.

Wenn der Fiebernde in Folge eines heftigen Durst-
gefühles viel Flüssigkeit zu sich nimmt, liefert er den Processen, welche in ihm Wärme erzeugen, nur das Materiale; denn
indem dieses Wasser gebunden wird, wird Wärme frei, und
der Vortheil, der ihm daraus erwächst, dass die kühle Flüssigkeit, die er seinem Darm einverleibt, daselbst sich auf
Kosten seines Körpers erwärmt, wird vernichtet. Dass thatsächlich das Wasser im Körper des Fiebernden zurückgehalten
wird, beweisen die Wägungen von Wachsmuth und Liebermeister.

Die ausgesprochensten Erscheinungen bietet der Schüttelfrost dar. Man weiss, dass die Blässe und Kälte der Haut
bei rasch ansteigender Innentemperatur zu der Ansicht Ver-
anlassung gab, dass in diesem Stadium der Körper sich nur
dadurch erhitze, dass durch die mangelhafte Blutcirculation
in der Haut die normale Abgabe grosser Wärmemengen verhindert werde. Der Nachweis der Temperatursteigerung
bereits vor dem Eintritte des Schüttelfrostes musste natürlich
diese Theorie erschüttern. So lange man nur 2 Möglichkeiten
gegen einander abwägt, nämlich, dass die Temperatursteigerung entweder durch Gefässverengerungen und verhinderte
Wärmeabgabe oder durch Steigerung der Oxydationsprocesse

zu Stande kommen müsse, dürfte die Frage des Schüttelfrostes nicht gelöst werden. Es wird aber die in wenigen
Stunden um mehrere Grade in die Höhe schiessende Temperatur sehr gut erklärlich, wenn man sich an der Hand der
quellenden Samen, welche das gleiche Phänomen darbieten,
mit dem Gedanken befreundet, dass unter Umständen das
Wasser des Zellprotoplasmas in einen Zustand festerer Bindung übergehen kann.

Der Uebergang des lebenden Protoplasmas in den Zustand eines gequollenen Körpers scheint mit dem Tode identisch zu sein. So stirbt das Blut, indem es, aus dem organischen Zusammenhange gelöst, gerinnt. Die festere Bindung
der Wassermolecüle im Fieber ist eine Veränderung nach
der gleichen Richtung; sie ist der Ausdruck der verminderten
Lebensfähigkeit; sie ist auch verbunden mit einer Verminderung des Vorrathes an Energien, denn es wird Wärme frei.

So ist das Fieber und insbesondere der Schüttelfrost ein
schwerwiegendes Zeichen, dass alle Gewebe des Organismus
stark geschädigt wurden. Es sind aber gewiss nicht alle
Arten des Zellprotoplasmas durch die Wärmemengen, die
sie entbinden, für die Aufheizung des Gesammtorganismus
von gleicher Bedeutung. Wenn man auch nicht zugeben
kann, dass speciell ein Gewebe, wie das der Muskeln, als
Sitz der fieberhaften Wärmeentbindung angesehen werde,
muss man sich doch vorstellen, dass gerade dieses vermöge
seiner Quellbarkeit (es sind Gründe vorhanden, den Process
der Muskelcontraction als einen Quellungsvorgang zu deuten)
für Veränderungen der geschilderten Art ein geeigneter Boden
sei, wofür auch das fibrilläre Gewoge in den Muskeln schwerer
Fieberkranker spricht.

Wir sind gewöhnt, Gewebe, welche functionell in Anspruch genommen werden, blutreich zu sehen. Wenn also
im Schüttelfroste, wo plötzlich ein Trauma auf alle vom
Blute umspülten Zellen eindringt, das Blut sich dort anhäuft,
wo die Wirkung am stärksten ist, in den Drüsen, Muskeln,
u. s. w., da hat man es durchaus nicht nöthig, eine specifische Wirkung der Noxe anzunehmen, welche darin besteht,
dass sie die Constrictoren der Hautgefässe reizt und die

Dilatatoren lähmt. Die Haut wird anämisch, weil das Blut in die Tiefe gesogen wird.

Die von der Haut des fiebernden Organismus abgehende Wärme muss naturgemäss physicalisch den gleichen Gesetzen folgen wie beim normalen Organismus, nämlich denen der Strahlung, Leitung und Fortführung, und es dürfte auch in dieser Angelegenheit gerathen sein, bei eventuellen Schwankungen der Wärmeabgabe von der Haut, bevor man hypothetisch an eine von Seiten der Dilatatoren, beziehungsweise Constrictoren der Hautgefässe oder der sie regierenden Nervencentren eingeleitete Action denkt, nach greifbaren Veränderungen der Haut selbst zu suchen, weil diese möglicher Weise die Ursachen des gesteigerten oder verminderten Wärmeverlustes sein können, indem sie der einen oder anderen Form der Abgabe Vorschub leisten oder Hindernisse in den Weg legen. So weiss jeder, dass die Epidermis des Fiebernden sich nicht nur heiss, sondern auch trocken anfühlt und Wunderlich sagte, man fühle auch den calor mordax dann, wenn ihn das Thermometer nicht anzeige.

Nun ist die Durchfeuchtung der äussersten Hautschichten für die Wärmeabfuhr von eminenter Bedeutung. Ein Beispiel wird dieses betreffs der Strahlung zeigen:

Ich untersuchte die Wärmestrahlung fiebernder Kranker auf der Abtheilung des Herrn Hofrathes Standthartner, welcher die Güte hatte, mir das Materiale zur Verfügung zu stellen, mittels einer Mellonischen Säule, welche mit einem kegelförmigen Reflector versehen war und eines empfindlichen Galvanometers. Ein Phtisiker, der zugleich an einem Blasenkatarrh litt, brachte an der Bussole eine Ablenkung von 12° hervor, was genau so viel war, als meine eigene Haut bewirkte, wenn ich das offene Ende des Reflectors auf sie setzte. Das musste auffallen, denn der Kranke hatte in der Achselhöhle 38° C. und seine Haut fühlte sich glühend heiss an. Aber seine Haut war auffallend trocken, die meinige weich und plastisch. Jetzt benetzte ich sowohl eine von seinen als von meinen Handflächen mit zimmerwarmem Wasser, wischte sie gut ab und mass die Strahlung wieder. Die Strahlung meiner Haut blieb unverändert, die des Kranken stieg auf 17°

des Galvanometers. Die trockene Haut des Fieberkranken besass also Eigenschaften, welche die ihrer höheren Temperatur entsprechend vermehrte Wärmestrahlung verhinderten: sie trat sofort auf, als die Epidermis durchfeuchtet war.

A) Die Perspiratio insensibilis.

Von den Formen der Wärmeabgabe im Fieber durch Fortführung hat man die Wasserverdunstung an der Körperoberfläche besonderer Aufmerksamkeit gewürdigt. Es wurden 2 Methoden angewendet, um die Menge des durch die Perspiratio insensibilis abgehenden Dampfes zu bestimmen. Die eine bestand darin, dass ein Luftstrom über die Haut geleitet wurde und man dann die Menge des Wasserdampfes bestimmte, welche er mitgenommen hatte (Scharling, Reignault und Reiset, Roehrig, Reinhard, Janssen.) Die andere zielte darauf hin, die Wassermenge zu finden, welche von der Haut in einen gut abgeschlossenen Raum abgegeben wurde (Lavoisier und Seguin, Abernethy, Cruikshank, Gerlach, Weyrich, Arnheim). Vor einer eingehenden Kritik können die Resultate beider Methoden als absolute Werthe der Wasserabgabe nicht bestehen. Während die eine, indem sie einen vom Wasserdampf gereinigten Luftstrom über die Haut leitet, von der Geschwindigkeit dieses Luftstromes, die eine andere ist als die veränderliche der Natur, abhängig ist und den normalen Wassergehalt der Luft vernachlässigt, lässt die andere einen geschlossenen Raum von verschiedener Temperatur durch einen Theil der Hautoberfläche mit Wasserdämpfen füllen und schliesst aus dem Grade der Sättigung, respective aus der Höhe des Thaupunktes, den nach dem Versuche die abgesperrte Luft hat, mit Ausserachtlassung wichtigster Factoren auf die Menge des Wasserdampfes, der normaler Weise abgegeben wird.

In seiner classischen Erörterung der Wasserabgabe von der Haut in Wagners Handwörterbuch beweist Krause unwiderleglich, dass die Perspiratio insensibilis nicht von den Schweissdrüsen stamme, dass die Epidermis für tropfbarflüssige Körper undurchgängig sei, dass sie aber den Wasserdampf sehr gut durchlasse und schliesst, dass die von der Haut abgehenden Wasserdämpfe Producte einer unter der Epidermis stattfindenden Verdunstung seien.

Wir wollen jetzt einen Schritt weiter gehen. Man hat sich also nach Krause ein verdunstendes Flüssigkeitsniveau unter der Epidermis zu denken, welches seine Dämpfe durch dieselbe sendet. Ihre Menge müsste dann, wie es bei jeder Wasserverdunstung der Fall ist, abhängig sein von der Grösse der Oberfläche, von der Temperatur der Flüssigkeit, von der Temperatur der umgebenden Luft, von dem Wassergehalt und dem Wechsel der Letzteren.

Dieses ist der Gesichtspunkt, von welchem aus nach Krause die speciellen Probleme der Wasserabgabe von der Haut betrachtet und gerechnet werden. Es muss aber eine Eigenschaft der protoplasmatischen Gewebe herangezogen werden, die denselben vollständig illusorisch macht.

Wir müssen uns dem Zielpunkte dieser Auseinandersetzung auf einem kleinen Umwege nähern. Man stelle sich einen Wassertropfen in einem geschlossenen Raume vor. Der Tropfen verdunstet und wird kleiner; endlich aber verdunstet er nicht mehr, sondern bleibt stationär. Wenn dieses eintrifft, dann ist die Luft des geschlossenen Raumes mit Wasserdampf gesättigt, ihre relative Feuchtigkeit = 100. Erwärmt man den Raum, dann verdunstet ein neuer Theil des Tropfens, bis die Luft wieder mit Wasserdampf gesättigt ist; kühlt man sie ab, dann beschlägt sich die Wand des Gefässes und die relative Feuchtigkeit bleibt 100, was natürlich für jede Temperatur und jeden Druck eine ganz bestimmte Gewichtsmenge von im Quadratcentimeter Luft gelöstem Wasser bedeutet. Ein Hygrometer, welches relative Feuchtigkeit anzeigt, würde seine Angaben nicht ändern. Der Zeiger stünde immer auf 100. Ich liess mir ein ziemlich primitives Instrument dieser Art anfertigen, welches aus einer Metallkapsel bestand, welche auf die Haut aufgesetzt werden und in welcher man durch einen Glasboden die Gestaltsveränderungen einer auf einer Seite mit Gelatine überzogenen Kupferspirale beobachten konnte. Ein Zeiger, der an ihrem freien Ende befestigt war, spielte über einer Gradeintheilung. Ich gab den Apparat in eine

Chlorcalciumtrockendose und merkte den Stand des Zeigers an; dann stellte ich die Dose über feuchtes Papier, mit Wasser getränkte Leinwand, einen Wassertropfen und der Zeiger stellte sich in diesen letzteren Fällen auf einen Punkt ein, der mir als das andere Ende der Scala galt. Jetzt stülpte ich die Kapsel über eine Hautpartie und las nach längerer Zeit eine Feuchtigkeit ab, die zwischen o und 100 lag. Ich benetzte durch Anhauchen die Wände der Kapsel und setzte sie wieder auf die Haut. Der Zeiger ging auf 100 und fiel dann langsam. Nur einmal, als ich schwitzte, blieb der Zeiger constant auf dieser Ziffer. Daraus folgt:

1. Unter der Epidermis ist kein verdunstendes Wasserniveau, denn es müsste in diesem Falle die Luft der Kapsel immer mit Wasserdampf gesättigt werden.

2. Von der Haut kann Wasserdampf absorbirt werden, denn das Verschwinden des Dampfes aus der Kapsel, als nach Benetzung derselben der Zeiger eine Abnahme der Feuchtigkeit anzeigte, ist nicht anders erklärlich. Uebrigens vermuthete schon Krause aus theoretischen Gründen die Möglichkeit einer Dampfabsorption durch die Haut.

Das Problem liegt nun so: Wenn unter der Epidermis irgendwo eine verdunstende Wasseroberfläche läge, würde sie soviel Dampf erzeugen, dass dieser in einem über ihr abgeschlossenen Raume das erreichbare Maximum an Druck erlangte, welches für jede Temperatur bekannt ist. Wäre die Temperatur dieses Raumes niedriger als diejenige der Flüssigkeit, dann müsste der kühlere Raum als Condensator wirken, d. h. es müsste sich in ihm Wasser niederschlagen. Dieses letztere geschieht aber nicht, darum ist das Wasser, das sich unter der Epidermis befindet, nicht in der Lage eines ungebundenen Tropfens, sondern durch irgend eine Art von Bindung daran verhindert, seinen intermolecularen Druck zu entfalten, beziehungsweise es ist der intermoleculare Druck des Wassers, wenn man so sagen darf, vermindert.

Die Dampfdrucke, welche destillirtes Wasser bei verschiedenen Temperaturen zu erzeugen vermag, sind experimentell gefunden und in ausführlichen Tabellen (von Reignauld) enthalten. Diese Tabellen, welche bei allen bezüglichen und auch bei den gleich zu schildernden Versuchen unentbehrlich sind, gelten aber für destillirtes Wasser und wir sagten eben vorhin, dass unter der Epidermis kein reines Wasser verdunsten könne. Wie verhält sich also unreines Wasser, nämlich solches, in welchem feste Körper gelöst sind? Mit diesem Thema befasste sich Wüllner sehr eingehend und kam zu dem Resultate*), »dass die Verminderung des Dampfdruckes des Wassers durch aufgelöste Stoffe (welche bei den Versuchstemperaturen keinen merklichen Druck haben) der aufgelösten Menge proportional sei.«

Betrachtet man aber die Dampfdrucke, welche unsere Vorgänger und wir über der Haut massen, und vergleicht sie mit den Werthen, welche Wüllner für Salzlösungen fand, dann sieht man sofort, dass die Herabsetzung der ersteren, welche diejenigen der letzteren um ein Vielfaches übertrifft, nicht durch die Auflösung von Salzen im Gewebswasser bedingt sein kann, sondern dass dasselbe sich in dem Zustande einer viel festeren Bindung befinden muss.

* * *

Das verdunstende Niveau ist in unserem Falle das Blut der Haut, die Oberfläche der zwischen den Gefässmaschen befindlichen feuchten Zelleiber und die Gewebsflüssigkeit. Der erste für die Intensität der Verdunstung massgebende Factor ist, wie gesagt, die Concentration; der zweite ist die Temperatur. Der Dampfdruck steigt und fällt mit der Letzteren. Da sich nach Wüllner ein allgemeines Gesetz schon bei Lösungen nicht finden lässt, ist es beim Lebenden noch weniger zu erwarten.

Wenn man auch annimmt, dass alle oben genannten Verdunstungsoberflächen unter der Epidermis die gleiche Temperatur besitzen, so ist doch die Höhe derselben absolut unbestimmbar, denn jede Vorrichtung, welche der Haut zu diesem Zwecke angelegt wird, verändert sie sofort. Ferner entweicht der entstehende Dampf nicht wie beim physicalischen Experimente in einen Raum, welcher sorgfältig auf der gleichen Temperatur erhalten wird, wie die Flüssigkeit selbst, sondern in einen kühleren von der Haut geheizten Raum. Daraus geht

---

*) Ostwald, allgemeine Chemie I. Bd. S. 706.

hervor, dass man die Werthe, welche man bei Messungen des Dampfdruckes über der Haut erhält, nur mit äusserster Vorsicht auf die Eigenschaften derselben, beziehungsweise des Blutes und des Protoplasmas zurückführen darf, um auf eventuelle durch den fieberhaften Process bedingte Veränderungen zu kommen. Bei den folgenden Untersuchungen war es uns also in erster Linie nicht darum zu thun, zu suchen, ob im Fieber mehr oder weniger Wasserdampf abgegeben werde als in der Norm, sondern wir gingen von dem Gedanken aus, dass es vielleicht nicht unmöglich sei, aus den Veränderungen der Wasserdampfabgabe an der Oberfläche auf eine durch das Fiebergift veranlasste erhöhte wasserbindende Eigenschaft der Protoplasmen zu schliessen und damit einen Anhaltspunkt für die Annahme Wärme liefernder Processe im kranken, quellenden Zelleibe zu gewinnen.

Der Dampfdruck wurde in Form von Thaupunktsbestimmungen gemessen. Der Apparat war ähnlich dem von Weyrich benützten und ist sehr leicht herzustellen (Fig. 16). Es werden in den Boden eines gewöhnlichen Wasserglases 2 Löcher von der Grösse eines Zwanzigkreuzerstückes gebohrt und dasselbe 5 *cm* über seinem Boden abgeschnitten. In die Öffnungen kommen durchbohrte Korke. Durch den einen derselben steckt man ein Thermometer (A), durch den anderen eine Eprouvette (B), welche unten bis zur Höhe von 3 *cm* mit einem Aldehyd-Silberspiegel versehen worden ist. In die Eprouvette stellt man ein Thermometer und ein bis an den Boden reichendes dünnes Glasrohr, das man mit einem Gummigebläse (C) verbindet.

Nach dem man in die Eprouvette einige Cubikcentimeter Aether gegossen hat, setzt man den Apparat mit dem offenen Ende des Bechers so dicht als möglich auf die Haut, am besten über einen Pectoralis. Die Temperatur im Becher, die man an dem Thermometer A abliest, beginnt rasch zu steigen; anfangs sehr rasch, dann immer langsamer, so dass sie nach 15 Minuten schon ziemlich constant ist. Diese Temperatur wird notirt und man beginnt jetzt mit dem Gebläse den Aether allmälig zu verdampfen und beobachtet den Aldehydspiegel. Während der Verdampfung kühlt sich der Aether langsam ab, bis er schliesslich den Thaupunkt der im Glase enthaltenen Luft erreicht. Wenn der Spiegel sich eben mit

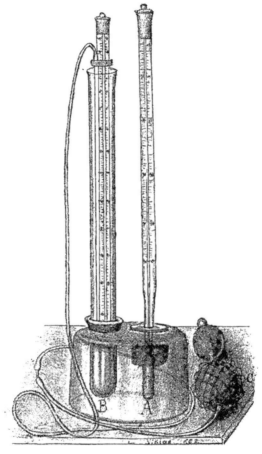

Fig. 16.

einem zarten Hauch beschlägt, liest man das im Aether steckende Thermometer ab, welches in diesem Momente den Thaupunkt für die im Becher befindliche, von der Haut mit Wasserdampf geschwängerte und erwärmte Luft anzeigt. In den Tabellen für die Dampfdrucke des destillirten Wassers bei verschiedenen Temperaturen findet man den dem Thaupunkte entsprechenden Druck, also ein absolutes Mass für die in dem Becher enthaltene dampfförmige Wassermenge. Die sogenannte relative Feuchtigkeit erhält man, wenn man den so gefundenen Werth durch den (ebenfalls aus der Tabelle abzulesenden) Druck, welcher der unmittelbar vor der Aetherverdampfung am Thermometer A abgelesenen Temperatur entspricht, dividirt und mit 100 multiplicirt.

Alle Untersuchungen über Perspiratio insensibilis hatten den Zweck, die Wassermenge zu finden, welche von verschiedenen Hautstellen in der Norm und in Krankheiten und unter verschiedenen Verhältnissen abdunstet. Als Mass für die Perspiratio insensibilis stellte zuerst Weyrich*) die Differenz zwischen dem Dampfdrucke auf, den die Haut in einem Becher innerhalb von 3 Minuten hervorbrachte, und dem Dampfdrucke der Umgebung. Er selbst sowie zahlreiche spätere Untersucher fanden auf diese Weise die Wasserabgabe schwankend und von zahlreichen Einflüssen der Umgebung und des Organismus selbst abhängig. Für das Fieber wurde dieser Punkt von Arnheim**) mit Weyrichs Methode untersucht und dieser konnte constatiren, dass im Fieber die Wasserabgabe bald erhöht bald vermindert sei, und sich nicht bei allen fieberhaften Affectionen gleich verhalte.

Der Schwerpunkt unserer Untersuchungen lag jedoch, wie schon bemerkt wurde, nicht in der Wasserabgabe als solcher, sondern in der Form, beziehungsweise Festigkeit der Wasserbindung im Organismus, welche unter den Erscheinungen der Perspiratio insensibilis als die Grundlage derselben verborgen ist. Dafür war einerseits die kurze Messzeit Weyrichs von 3 Minuten nicht ausreichend, andererseits die von ihm als Maasstab angenommene Druckdifferenz unverwendbar.

Die Untersuchungen stellte ich an: 1. an mir selbst, 2. an Fieberkranken.

---

*) Weyrich, die unmerkliche Wasserverdunstung der menschlichen Haut. Leipzig 1862.

**) Arnheim, Über das Verhalten des Wärmeverlustes etc. Zeitschrift f. klin. Medicin 5. Bd.

Um zunächst die Verlässlichkeit meines Apparates zu prüfen, bestimmte ich bei ruhiger Rückenlage die Feuchtigkeit im Becher, nachdem er 15 Minuten auf der Haut gelegen war, und hierauf ein zweites Mal nach einer Application von 30 Minuten Dauer. Die Temperatur war im zweiten Falle zwar um 0·8° C. höher als im ersten, der Dampfdruck jedoch nur um 0·1 *mm* Quecksilber, eine Grösse, welche gewiss die Fehlergrenzen eines derartigen Verfahrens nicht überschreitet. Es genügen also 15 Minuten, damit die Haut der Luft des Bechers so viel Wasser mittheilt, dass in derselben der gleiche Dampfdruck herrsche, wie in ihr selbst. Wenn sie die Luft aber jetzt noch weiter erwärmt, ohne auch entsprechend die absolute Feuchtigkeit zu steigern, dann sinkt die r e l a t i v e Feuchtigkeit der Luft, sie trocknet aus.

Wie schon auseinander gesetzt wurde, hängt der Dampfdruck, den die Oberfläche, beziehungsweise das unter ihr befindliche gebundene Wasser hervorbringen kann, von der Festigkeit der Bindung und seiner Temperatur ab. Es kann nur dann gelingen, aus dem Dampfdrucke Schlüsse auf die Bindung zu ziehen, was ja der Zweck dieser Untersuchungen ist, wenn man die Temperatur, welche hier in Betracht kommt und welche man direct nicht zu bestimmen vermag, irgendwie in das Calcül aufnehmen kann. Da ist es nun werthvoll zu erfahren, wie aus dem obigen Versuche hervorgeht, dass eine ganz beträchtliche Erwärmung der Umgebungsluft (um 0·8° C.) die Temperatur der verdunstenden Oberfläche rückwirkend nicht so sehr steigert, dass auch in dem Dampfdrucke, den sie hervorgebracht hat, eine nennenswerthe Steigerung zum Ausdruck käme.

Ich lasse jetzt eine Tabelle folgen, welche die Messungen enthält, die ich an mir selbst ausgeführt habe.

Tabelle I.

Datum	Stunde	im Becher				im Zimmer		
		Temperatur	Thaupunkt	Absolute Feuchtigkeit in mm Hg	Relative Feuchtigkeit	Temperatur	Absolute Feuchtigkeit in mm Hg	Relative Feuchtigkeit
11. Juni	3 h N.-M.	29·7⁰	23·7⁰	21·79	70·2 %	22·0⁰	9·92	50·4 %
11. »	4 h N.-M.	30·6⁰	23·8⁰	21·93	65·3	22·0⁰	9·92	50·4
12. »	7 h Morg.	30·2⁰	23·9⁰	22·05	69·1	21·0⁰	9·98	53·4
12. »	3 h N.-M.	31·0⁰	26·4⁰	25·48	76·2	22·0⁰	11·90	60·5
13. »	6 h Morg.	29·1⁰	25·6⁰	24·40	81·4	21·6⁰	12·22	63·7
13. »	5 h N.-M.	31·0⁰	25·5⁰	24·26	72·9	22·2⁰	13·53	67·9
14. »	7 h Morg.	29·0⁰	24·5⁰	22·85	76·7	22·0⁰	12·29	62·5
16. »	5 h N.-M.	29·9⁰	24·7⁰	23·13	73·3	—	—	—
18. »	3 h N.-M.	30·5⁰	24·5⁰	22·85	70·4	20·8⁰	8·01	43·8
19. »	7 h Morg.	29·5⁰	24·5⁰	22·85	74·5	20·6⁰	11·38	63·0
19. »	5 h N.-M.	29·0⁰	24·8⁰	23·27	64·7	20·1⁰	9·16	52·3
20. »	5 h N.-M.	29·8⁰	25·3⁰	23·97	76·8	21·7⁰	10·30	55·9
21. »	5¼ h N.-M.	30·8⁰	25·6⁰	24·40	73·8	21·7⁰	10·30	55·9
21. »	11 h V.-M.	27·9⁰	22·7⁰	20·51	73·5	21·0⁰	9·92	52·3

Nehmen wir aus der vorstehenden Tabelle den niedrigsten und den höchsten Dampfdruck, den die Haut in dem Becher des Hygrometers erzeugte, als Grenzen an, dann würde derselbe normaler Weise zwischen 21·79 und 25·48 *mm* Quecksilber schwanken. Ist auch diese Schwankung keine übermässig grosse, so darf man dieselbe doch noch beträchtlich einschränken; denn beide Werthe kommen erstens nur einmal vor und zweitens stammen dieselben aus der ersten Zeit der Messungen an mir selbst. Es ist nicht leicht, die Ablesungen, die Ätherverdampfung u. s. w. auszuführen, während man, am Rücken liegend, einen Apparat in seiner linken Infraclaviculargrube luftdicht an die Haut drückt. Es bedarf einiger Übung, um mit der ganzen Situation vertraut zu werden. Darum erscheinen mir die späteren Messungen verlässlicher und gerade diese bringen eine merkwürdige Constanz zum Ausdrucke. Als Thaupunkt zeigt sich häufig 24·5° C. oder er ist meist nur um wenige Zehntelgrade von diesem Werthe entfernt, der Dampfdruck bewegt sich grösstentheils so nahe um 23 *mm* Hg. herum, dass seine Abweichungen von diesem Werthe gewiss noch in die Fehlergrenze fallen.

Da sich diese relative Constanz innerhalb der vielfach wechselnden Verhältnisse der Umgebung erhält, so muss der maximale Dampfdruck, den die Gewebe aufzubringen im Stande sind, die Wirkung eines Factors sein, der sich unter den Schwankungen der Temperatur, der relativen und absoluten Feuchtigkeit und dem Barometerstande der Umgebung unverändert erhält. Da die Umgebung in allen ihren Eigenschaften schwankt, so kann es sich nur um Qualitäten der Stoffe handeln, deren oberflächlichste Partien die Hervorbringer jenes Druckes sind. Die eine dieser Qualitäten ist die Temperatur. Die Temperatur der Haut als eines Ganzen aber ist, wie alle Untersucher fanden, im höchsten Grade schwankend; man kann aber von einem ihrer Bestandtheile voraussetzen, dass er fast immer annähernd gleich warm sei, nämlich von dem Inhalte der Blutgefässe in dem Momente, wo er vom Herzen her heranschiesst. Wenn sich also die Maxima des Dampfdruckes als wenig variabel erwiesen, so ist es sehr wahrscheinlich, dass der Dampfdruck des noch nicht abgekühlten Blutes gemessen wurde, und es ist daraus zu schliessen, dass ausser der Temperatur sich auch jene zweite für den Dampfdruck entscheidende Eigenschaft des Blutes constant erhalte, welche die Festigkeit der Wasserbindung bedingt und der Concentration der Salzlösungen analog ist.

Wenn die Annahme richtig ist, dass bei Messungen des Maximums an Dampfdruck, der in einem über der Haut abgeschlossenen Raume entstehen kann, nur von der Concentration und Temperatur des Blutes abhängt und somit constant sein muss, so lange diese beiden Factoren constant sind, dann geben diese Messungen auch keinen Aufschluss über die wirkliche Grösse der Wasserabdunstung von der Haut. Es ist z. B. gewiss unzweifelhaft, dass eine lebhafte Injection der Hautgefässe die Verdunstung steigert, denn es vermehrt sich zum Mindesten die Ausdehnung des wasserabgebenden Niveaus; den maximalen Dampfdruck aber in einem geschlossenen Raume steigert eine Vermehrung der Verdunstungsoberfläche gar nicht; für ihn ist es vollkommen gleichgiltig, ob ein Tropfen oder ein Meer den Dampf entbindet.

Was das Resultat der Messung ganz illusorisch machen kann, ist die Thätigkeit der Schweissdrüsen. Sobald der Schweiss an die Oberfläche secernirt wird, tritt sofort eine Sättigung der Luft mit Wasserdampf im Becher ein und der Aldehydspiegel beschlägt sich. Ich mass daher niemals unmittelbar nach einem Schweisausbruche und kühlte den Körper immer vorher durch längeres ruhiges Liegen und Entkleiden ab.

Der niedrige Dampfdruck von 20·51 *mm* Hg., den ich am 21. Juni erhielt, ist kein Maximum. Dieses zeigt schon die geringe Temperatur, welche sich im Becher entwickelt hatte, nämlich 27·9° C. Im Protokolle findet sich die Angabe, dass diese Untersuchung nach einer schlaflos verbrachten Nacht in einem Zustande von Erschöpfung angestellt wurde und die äusserst herabgesetzte Heizkraft der Haut an diesem Tage (vide später) liess als die Ursache des abnormen Verhaltens die Bluttleere der Haut erkennen. Wenn nämlich auch principiell die maximalen Drucke von der Blutfülle gänzlich unabhängig sein müssen, so kann es doch geschehen, dass bei sehr geringem Blutgehalt die Verdunstung so langsam geschieht, dass nach einer Viertelstunde das Maximum an Feuchtigkeit noch nicht erreicht ist. Auf solche Art kann man zu falschen Resultaten kommen u. z. um so leichter, je grösser man die Luftmenge nimmt, die man mit Wasserdampf sättigen lassen will. Darum ist ein kleiner Becher von Vortheil.

* * *

Es ist jetzt zu überlegen, welche Befunde man bei Fieberkranken zu erwarten hat. Sämmtliche Untersucher stimmen darin überein, dass im Fieber die Wasserabgabe bald vermindert bald vermehrt sei und man hat sich daran gewöhnt, diese Schwankungen mit wechselnden Innervationen der Hautgefässe in Zusammenhang zu bringen.

Durch die Freundlichkeit des Herrn Assistenten Dr. Lukasievicz hatte ich Gelegenheit auf der Klinik des Herrn

Professors Kaposi 5 Lupuskranke zu untersuchen, welche in Folge von Injectionen Koch'scher Lymphe fieberten. Es traten hochgradige Erytheme auf und es lag mir daran, gerade über diesen Stellen, wo die Hautgefässe vollständig dilatirt waren, die Thaupunkte zu bestimmen.

Von den 5 Kranken (siehe die folgende Tabelle S. 110) zeigten nur 3 einen mässig erhöhten, 2 einen sehr herabgesetzten Dampfdruck über der Haut. Die Weite der Blutgefässe ist also nicht im Stande, das Maximum des Dampfdruckes zu beeinflussen.

So gelangen wir wieder zu den beiden für jede Verdampfung ausschlaggebenden Factoren, nämlich zur Temperatur und jener schwer zu benennenden Eigenschaft des verdampfenden Körpers, welche die lebendige Kraft der als Gas fortgeschleuderten Moleküle bestimmt; man gestatte uns, sie auch weiterhin als Concentration oder Wasserbindung zu bezeichnen. Der Dampfdruck steigt mit der Temperatur, fällt aber mit Zunahme der Concentration.

Wo er also im Fieber mit der Temperatur nicht steigt, sondern im Gegentheile abfällt, da muss man an eine um vieles festere Bindung der Wassertheilchen denken.

Es ist wohl anzunehmen, dass das Blut dieselbe Concentration besitzt wie die Gewebe, mit denen es in den Capillaren in ausgiebigsten Contact kommt; denn es sind in einer grossen Körpermasse nur wenige Liter Blut sehr fein vertheilt und es müssen daher Differenzen, welche zu osmotischen Vorgängen führen, durch dieselben fast momentan ausgeglichen werden. Es müssen aber nicht alle Gewebe das Wasser gleich fest gebunden haben, besonders im Fieber. Da hat das Blut, nachdem es, von allen Seiten zusammengeströmt, im Herzen durchgemischt worden ist, jedenfalls die durchschnittliche Concentration aller Gewebe.

Wenn daher durch das fiebererregende Agens ein grosser Theil des Körperprotoplasmas in einen solchen Zustand versetzt ist, dass es bestrebt ist, mehr Wasser sich einzuverleiben, dann entsteht ein Gefälle vom Blute zur Zelle. Das Bestreben, Wasser zu binden, zu quellen, kommt einer höheren Concentration gleich und es geht sofort so viel Wasser vom Blute zu den Geweben, dass beide wieder gleich, jedoch höher als normal, concentrirt sind. Das auf die Haut aufgesetzte Hygrometer, das den Dampfdruck des Hautblutes misst, muss eine Herabsetzung desselben anzeigen.

Dem Körper wird immer neue Flüssigkeit zugeführt, von der ein Theil in den Zellen zurückgehalten wird, und, so lange dieses geschieht, ist das fiebernde Protoplasma mit Wasser nicht gesättigt, erhitzt es sich selbst durch die Bindung der Wassermolecüle. Hat dieser Vorgang seine Grenze erreicht, ist das Fieber auf seiner Höhe angelangt, dann hört das Bestreben, neues Wasser an sich zu reissen, auf und der Dampfdruck steigt wieder zur Norm oder mässig über sie hinaus.

Lässt aber die Wirkung der Fiebernoxe nach, dann sucht das Protoplasma sich des übermässigen Wassers zu entledigen, es tritt aus dem Zustande der Sättigung in jenen einer sehr geringen Concentration, die Wassermolecüle werden frei, binden Wärme und steigern durch Vermittelung des Blutes den Dampfdruck an der Körperoberfläche bis zur Übersättigung der Umgebungsluft mit Wasserdampf. Dieses entspricht der Defervescenz oder mindestens einer Remission. Der Dampfdruck kann in der Defervescenz so hoch steigen, dass sich das Wasser sofort auf der Oberfläche der Haut tropfbar flüssig niederschlägt. Krause meinte, tropfbar flüssiges Wasser auf der Haut könne nur aus den Drüsen stammen, nicht aber aus den Capillaren, weil bei seinen Versuchen nur Dampf durch die Epidermis ging, welche Versuche auch ihre Richtigkeit haben. Der durchgegangene Dampf aber kann sich condensiren, wodurch der von Krause geleugnete »Dunstschweiss« entsteht. Man erzeugt ihn, wenn man im Winter plötzlich eine vorher trockene Hand aus der warmen Tasche an die kalte Luft bringt. Hält man seine Handfläche sehr nahe über die heisse, dampfende Haut eines sich entfiebernden Kranken, dann beschlagen sich oft beide mit Wassertröpfchen.

*   *   *

Sehr erniedrigter Dampfdruck deutet also darauf hin, dass im Innern der Zellen der Process der Wasserbindung fortschreite und deshalb ein Ansteigen der Körpertemperatur zu erwarten sei; ein normaler oder mässig erhöhter Druck ist auf der Höhe des Fiebers vorhanden; Dunstschweiss ist ein Zeichen von Defervescenz.

Die nachstehende Tabelle bezieht sich auf die erwähnten von Herrn Professor Kaposi mit Koch'schem Tuberculin behandelten 5 Lupuskranken.

Tabelle II.

	Achselhöhlentemperatur 1 h vorderMessung °C.	Achselhöhlentemperatur 2 h nachd.Messung °C.	Temperatur im Becher °C.	Thaupunkt °C.	Dampfdruck in *mm* Hg.	Relative Feuchtigkeit %	Anmerkung
I. N. 25. J. alt	38·4	38·7	32	21·2	18·72	52·9	Die Haut ist stark geröthet.
II. Sch. 20 J. alt	38·2	38·5	32	22·7	20·51	58·0	
III. R. 30 J. alt	39·5	38·9	32	25·5	24·26	68·6	
IV. V. 20 J alt	40·5	40·3	32	25·7	24·55	69·4	dtto.
V. Z. 12 J. alt	39·5	39·2	32	25·8	24·69	69·8	dtto.

Allen Kranken war am Tage vor der Untersuchung das Kochin injicirt worden und es fieberten daher dieselben schon seit mehreren Stunden. Bei der Bestimmung der Hautfeuchtigkeit wurde in diesen Fällen insoferne eine Ausnahme gemacht, als der Apparat nicht genau 15 Minuten angelegt wurde wie sonst, sondern gewartet, bis die Temperatur im Becher auf 32⁰ C. gestiegen war.

Die Fälle I und II kann man den anderen dreien entgegensetzen. Während die Letzteren nämlich fast den gleichen Dampfdruck aufwiesen, hatten die Ersteren einen auffallend niedrigen. Dass nicht die verschiedene Injection der Hautgefässe daran die Schuld trug, wurde schon bemerkt. Auch von der Temperatur hing die Höhe des Druckes nicht direct ab, wie ohne Weiteres aus der Tabelle hervorgeht. Es zeigte

sich aber, dass die Temperatur in den nächsten Stunden nach
der Messung dann in die Höhe ging, wenn die Dampfspannung den geringen Werthen von 18·7 und 20·5 mm Quecksilber entsprach (I und II), dass hingegen regelmässig ein
Abfall erfolgte, wo der Druck die Norm überschritten hatte
(III, IV und V).

Da unter sonst gleichen Umständen bei höherer Dampfspannung mehr Wasser abgegeben wird, so könnte man leicht
das geschilderte gegenseitige Verhalten von Druck und Temperatur so deuten, als stiege die Temperatur bei geringem
Drucke deshalb, weil derselbe einer herabgesetzten Verdampfung und damit Wärmeabgabe entspreche, wobei man sich
allerdings mehr mit den herkömmlichen Erklärungen der
Fieberphänomene im Einklange befände. Nun lässt es sich
zwar nicht leugnen, dass das Protoplasma des fiebernden
Organismus, indem es das Wasser an sich reisst, durch
Herabsetzung der tropfbar flüssigen wie der dampfförmigen
Ausscheidung desselben nicht nur Wärme entbindet, sondern
auch sich eines grossen Theiles der Mittel zur Fortschaffung
der Wärme selbst beraubt, aber es ist gewiss ein Irrthum,
wenn man den zweiten Theil dieses Vorganges als den einzig
massgebenden bezeichnet, wie noch im Folgenden gelegentlich der Besprechung der Heizkraft der Haut erörtert werden wird.

Fiebernde Kranke zu untersuchen, hatte ich an der Abtheilung des Herrn Hofrathes Standthartner Gelegenheit.
Es waren zumeist Pneumonien, welche sich typisch an das
aufgestellte Schema hielten, wie ein Beispiel zeigen soll.

Tabelle III.

Zeit	Achsel-höhlen-temperatur	Temperatur im Becher	Thaupunkt	Dampf-druck	Relative Feuchtig-keit
25. Mai V.-M.	39·4 °C.				
25. Mai N.-M.	40·0	31·2	21·0°C.	18·49	54·7
26. Mai V.-M.	40·0				
26. Mai N.-M.	40·0				
27. Mai V.-M.	39·2	30·4	22·5	20·26	60·9
27. Mai N.-M.	40·0				
28. Mai V.-M.	39·0	30·4	20·8	18·27	56·9
28. Mai N.-M.	40·0	32·0	29·5	30·65	86·9

Die Dampfdrucke schwanken im Verlaufe einer fieberhaften Krankheit. Die niedrigen Drucke sind, wie gesagt,
zugleich Zeichen gesteigerter Wärmeentbindung und Er-
schwerung (nicht Verminderung) der Wärmeabgabe. Ist die
Temperatur maximal, dann bedeutet ein Druck unter 20 *mm Hg*
gewiss ein Verharren auf dieser Höhe, ist sie es nicht, dann
folgt unfehlbar ein Anstieg. Zu bemerken ist noch, dass die
Erniedrigung des Dampfdruckes eine umso festere Wasserbindung anzeigt, je höher die gleichzeitige Temperatur des
Blutes ist; denn der Dampfdruck wässeriger Flüssigkeiten
wächst regulär mit der Temperatur. Das Wasser muss also
bei höherer Temperatur noch um vieles fester gebunden
werden, damit nicht nur die Tendenz des Druckes zu steigen
überwunden, sondern derselbe auch herabgesetzt werde.

Ich untersuchte auch einige Tuberculöse während der
abendlichen Temperatursteigerung. Es war immer eine starke
Herabsetzung der Dampfspannung nachweisbar.

Einen Schluss auf die absolute Grösse der Perspiratio
insensibilis, beziehungsweise des durch sie bedingten Wärmeverlustes kann man aus diesen Untersuchungen und ähnlichen
nicht machen. Die Autoren sind bekanntlich darüber nicht
einig, ob im Fieber mehr oder weniger oder bald mehr bald
weniger Wasserdampf von der Haut abgegeben werde. Be-

treffs des maximalen Dampfdruckes aber, d. i. des Druckes,
den ein Hautstück in einem kleinen über ihm dicht abgeschlossenen Raume erzeugt, kann ich mit einer so grossen
Bestimmtheit, als sie der verhältnismässig geringe Umfang
meines Untersuchungsmateriales gestattet (es gelang mir
nicht, mir ein grösseres zu verschaffen) behaupten, dass er
bei fiebernden Kranken immer geringer ist als über einem
Stücke meiner Haut, ausgenommen, wenn unmittelbar nachher ein Abfall der Fiebertemperatur erfolgt. Welche Bedeutung dieses Verhalten hat, ist nach den vorhergehenden Aus-
einandersetzungen nicht zweifelhaft.

B) Von der Heizkraft der Haut.

Unter der Heizkraft eines Brennstoffes oder einer Heiz-
vorrichtung versteht man die nach absolutem Masse bestimmte
Fähigkeit, die Umgebung zu erwärmen. Auch die Haut heizt
ihre Umgebung und die Heizkraft ist jener Theil der thermischen Isolirung, der von den Eigenschaften der Haut selbst
abhängig ist.

Wie wiederholt von verschiedenen Seiten hervorgehoben
wurde, wird der Werth aller Calorimeteruntersuchungen dadurch geschmälert, dass die Haut sich in dem betreffenden
Apparate nicht unter Verhältnissen befinde, welche der Norm
entsprechen. Im Calorimeter wird aber nicht nur die Umgebung der Haut geändert sondern auch ihre Heizkraft wegen
des Reflexes auf die Gefässe, der Durchfeuchtung der Epidermis u. s. w. Es handelt sich also darum, die Heizkraft
der Haut vor Beginn des Versuches zu bestimmen.

Das kann man so machen, dass man bei der Thaupunkts-
messung das Steigen des frei in den Becher ragenden Thermometers (Fig. 16) genau beobachtet und von Grad zu Grad
die Zeit notirt. Es zeigt sich, dass die Temperatur immer
langsamer steigt. Die Abnahme der Geschwindigkeit ist eine
gesetzmässige, so dass man, wenn die Bestimmung genau
war, eine continuirliche Geschwindigkeitscurve erhält, mit
deren Hilfe man die Geschwindigkeit des ersten unendlich
kleinen Zeittheilchens, wo die Verhältnisse noch die gleichen
waren wie vor dem Versuche, berechnen kann. Die Minuten-

Grade, d. h. die Anzahl von Thermometergraden, um welche die Luft des Bechers in der Zeiteinheit erwärmt würde, wenn die Bedingungen des ersten Zeittheilchens erhalten blieben, sind ein Mass für die Heizkraft und die thatsächliche Wärmeabgabe der untersuchten Hautpartie.

Die absolute Grösse der abgegebenen Wärmemenge kann man auf solche Art nicht finden, weil das Resultat von den Eigenthümlichkeiten des angewendeten Apparates, hauptsächlich von der Trägheit des Thermometers abhängt. Benützt man immer den gleichen Apparat, dann lässt sich immerhin durch Vergleichung der so erhaltenen Daten ein Schluss auf die relative Heizkraft der Haut und ihre Abhängigkeit von verschiedenen Umständen ziehen.

Diese Untersuchungen haben eine gewisse äussere Ähnlichkeit mit den Versuchen, welche Winternitz *) anstellte, indem er ein kleines hölzernes Doppelkästchen, welches unten mit einer Kautschukmembran verschlossen war, als Calorimeter auf die Haut stellte, und die Erwärmung nach einer Application von 3 Minuten als Mass für die Wärmeabgabe und ihre Veränderung bei verschiedenen hydriatischen Eingriffen benützte.

Tabelle IV. zeigt den Verlauf einer Messung an mir selbst.

Tabelle IV.

Minuten seit Beginn der Messung	Temperatur im Becher	Berechnete Geschwindigkeit in Minuten-Graden	Temperatur der Luft	Feuchtigkeit der Luft in mm Hg.	Dampfdruck der Haut in mm Hg.
0	22·2 °C.	—			
0·66	23·0	1·21			
1·64	24·0	1·02			
2·66	25·0	0·98			
3·83	26·0	0·85			
5·16	27·0	0·75			
7·08	28·1	0·57			
9·08	29·0	0·45			
12·24	30·0	0·31			
16·97	31·0	0·21	22·2	13·53	24·26

*) Hydrotherapie, Wien 1890.

Aus den Angaben der Tabelle eine Curve und daraus die genaue Anfangsgeschwindigkeit zu rechnen, ist sehr umständlich und ich begnügte mich daher, das Resultat der ersten Ablesung als solche anzunehmen, was ohne bemerkbaren Fehler geschehen kann. Es wäre also, 1·21 Minuten-Grade meines Instrumentes die Heizkraft der Haut zu der betreffenden Zeit gewesen. Was die Verwerthung solcher Bestimmungen erschwert, ist der Umstand, dass die Wärmeabgabe der Temperaturdifferenz zwischen Haut und Luft genau proportional ist. Nun lässt sich aber leider die Temperatur der Haut nicht messen.

Ich lasse jetzt einige Daten folgen, welche das Resultat des Versuches sind, den Einfluss der Hautfeuchtigkeit auf die Heizkraft aufzudecken. Es wurde vorerst bei heftigem Schweisse, der durch Zudecken mit Tüchern erzeugt wurde, gemessen (Tabelle V.).

Tabelle V.
(Starker Schweiss.)

Minuten seit Beginn der Messung	Temperatur im Becher	Berechnete Geschwindigkeit in Minuten-Graden	Temperatur der Luft	Feuchtigkeit der Luft in mm Hg.
0	20·5 °C.	—		
0·55	21·4	1·63		
1·05	22·0	1·20		
1·55	23·0	2·00		
2·15	24·0	1·66		
3·55	25·0	0·85		
4·35	26·0	0·55		
6·85	27·0	0·40		
9·05	28·0	0·45		
11·75	29·0	0·37		
14·95	30·0	0·31	20·5	8·01

Wie die Zahlenreihe der Geschwindigkeiten zeigt, ist bei schwitzender Haut die Wärmeabgabe sehr wechselnd. Es ist kein Grund vorhanden, anzunehmen, dass gerade das Aufsetzen des Bechers die lange andauernden Schwankungen verursacht hätte, sondern sie sind wahrscheinlich eine Folge der unregelmässigen Wasserverdunstung. In höherem Grade als bei den anderen Formen der Wärmeabgabe durch Fortführung spielt bei der Wasserverdunstung die Bewegung und Beweglichkeit der Luft eine Rolle, weil sie nicht nur die erwärmten Dämpfe fortzuschaffen, sondern auch die Entwickelung neuer durch raschen Wechsel zu befördern im Stande ist. Die Heizkraft ist bei schwitzender Haut gesteigert, denn es finden sich unter den Geschwindigkeiten Zahlen, wie 1·66 und 2·00 Minuten-Grade, welche sonst nicht erreicht wurden.

Man könnte die Frage aufwerfen, ob in einem der gebräuchlichen Calorimeter die Mehrausgabe der Wärme, welche durch den Schweiss verursacht wird, zum Ausdrucke gelange. Dass es in einem Wassercalorimeter nicht möglich ist, braucht nur erwähnt zu werden. Ein Luftcalorimeter würde nun allerdings in seinem Innenraume eine höhere Temperatur anzeigen, denn es stieg während des Schweisses in unserem Becher die Temperatur in 15 Minuten um 9·5⁰ C. und hatte noch eine Endgeschwindigkeit von 0·31 Minuten-Graden, überragte also in beiden Beziehungen die Norm, wie schon aus dem Vergleiche mit Tabelle IV hervorgeht, wo in 17 Minuten die Temperatur um 8·8⁰ C. gestiegen war und eine Endgeschwindigkeit von nur 0·21 Minuten-Graden hatte.

Wie aber schon früher angeführt wurde, ist der Schweiss in zweifacher Beziehung ein Wärmeentziehungsmittel. Es ist erstens ein inneres Wärmeentziehungsmittel, in soferne als die Entbindung des Wassers aus dem Zusammenhange mit dem Protoplasma an und für sich einem Verluste an lebendiger Kraft gleich kommt, und zweitens ein äusseres dadurch, dass er die Wärme, welche in ihm bei dem Uebergange in die Dampfform latent wird, der Haut entzieht. Tropft er ab oder wird er von der Kleidung aufgesaugt, dann kommt natürlich nur die erste Seite seiner Wirksamkeit in Betracht. Und gerade für diese Seite ist das Calorimeter unempfindlich wie für jeden inneren Wärmebindungsvorgang. Aber auch die äussere Wärmeabgabe durch Fortführung von Wasserdämpfen kann im Calorimeter nicht so in das Gewicht fallen, wie sie es ihrer Dignität nach sollte, schon deshalb, weil sie an der durch die Vorrichtung abgeschlossenen Luft auf ein Minimum herabgedrückt wird.

Als eine Stunde nach dem vorhin erwähnten künstlich herbeigeführten Schweissausbruche die Heizkraft der Haut gemessen wurde, ergab sich die Tabelle VI.

Tabelle VI.

Minuten seit Beginn der Messung	Temperatur im Becher	Berechnete Geschwindigkeit in Minuten-Graden	Dampfdruck im Becher in mm Hg.	Temperatur der Luft	Feuchtigkeit der Luft in mm Hg.
0	20·7 °C.	—			
0·75	21·4	0·93			
1·25	22·0	1·20			
2·20	23·0	1·05			
3·20	24·0	1·00			
4·50	25·0	0·77			
5·90	26·0	0·71			
7·70	27·0	0·55			
10·20	28·0	0·40			
13·50	29·0	0·30			
17·20	30·0	0·27			
18·50	30·2	0·15	22·85	20·7	8·01

Die Anfangsgeschwindigkeit des Temperaturanstieges ist mit 0·95 Minuten-Graden jedenfalls in Folge einer fehlerhaften Ablesung zu niedrig bewertet, jedoch ist dieselbe gewiss, wie aus der nächstfolgenden (1·20) hervorgeht, nicht wesentlich erhöht. Dennoch würde ein Luftcalorimeter eine bedeutend erhöhte Wärmeabgabe anzeigen, denn es ist die Temperatur im Becher nach 15 Minuten um 8·3° gestiegen und besitzt noch eine Geschwindigkeit von 0·28 Minuten-Graden.

Daraus geht hervor, dass man verschiedene Werthe für die Wärmeabgabe der Haut erhielte, wenn man für sie das eine Mal nach Art der Calorimetrie den schliesslichen Gleichgewichtszustand zwischen der Temperatur der Haut und derjenigen in einem geschlossenen Raume, das andere Mal die

Beschleunigung, welche die Annäherung der Haut der Temperatur des Raumes ertheilt, als Masstab nimmt. A priori scheint das Letztere als ein der Norm näher stehendes Princip mehr Anspruch auf Richtigkeit zu haben.

Über den Einfluss der Durchfeuchtung der Haut auf ihre Heizkraft wurde noch ein Versuch gemacht. Es wurde zuerst die Heizkraft der 1. Infraclaviculargrube, wie gewöhnlich, in unbeeinflusstem Zustande gemessen und gleich darauf diejenige der rechten, welche durch 15 Minuten mit einer in zimmerwarmes Wasser getauchten Compresse bedeckt und dann gut getrocknet worden war (Tabelle VII.)

Tabelle VII.

	Temp. Geschwindigkeit im Beginne	Temp. Geschwindigkeit nach 15 Min.	Temp. Erhöhung im Becher nach 15 M.	Dampfdruck im Becher nach 15 Min.	Temperatur der Luft	Feuchtigkeit der Luft in *mm* Hg.
Linke Infraclaviculargrube (trocken)	1·25	0·18	8·1 °C.	21·79	22	9·92
Rechte Infraclaviculargrube (durchfeuchtet)	1·20	0·18	8·3 °C.	—	22	9·92

Es sind hier andere Beziehungen zwischen der trockenen und der künstlich durchfeuchteten Haut als beim natürlichen Schweissausbruche. Die Heizkraft der befeuchteten Haut, welche allerdings von der ihr oberflächlich anhaftenden Feuchtigkeit befreit worden war, ist geringer als die der trockenen. Die Endgeschwindigkeit der Temperatur aber ist die gleiche und die Erhöhung der Temperatur nach 15 Minuten sogar auf der befeuchteten Seite um 0·20° C. stärker. Die Durchfeuchtung der Epidermis an und für sich steigert also die Heizkraft nicht, doch bewirkt sie im Calorimeter eine höhere Endtemperatur und damit den Schein einer gesteigerten Wärmeabgabe.

Bevor wir nun zur Heizkraft der Haut im Fieber übergehen, seien noch die Resultate der Messungen an meinem Körper im Auszuge mitgetheilt. (Tabelle VIII).

Tabelle VIII.

Nr.	Stunde	Temp.-Geschwindigkeit im Beginne	Temp.-Geschwindigkeit am Schlusse	Dauer des Versuches in Minuten	Temperatur-Erhöhung im Becher	Dampfdruck im Becher in mm Hg.	Temperatur der Luft	Feuchtigkeit der Luft in mm Hg.	Anmerkung
					°C.		°C.		
1.	3 h N.-M.	1·15	0·34	16·05	9·0	25·48	22·0	11·90	unmittelbar nach dem Erwachen.
2.	6 h Morg.	0·98	0·04	24·60	8·47	22·05	21·0	9·98	
3.	5 h N.-M.	1·30	0·22	16·00	9·1	23·27	20·1	9·16	
4.	6 h Morg.	1·00	0·17	19·70	8·7	—	20·2	—	dtto.
5.	5 h N.-M.	1·25	0·25	15·10	9·1	24·40	20·7	10·80	
6.	10 h V.-M.	0·76	0·22	14·80	7·9	20·51	21·0	9·92	Gefühl von Erschöpfung.
7.	7 h Morg.	1·12	0·28	12·90	7·9	—	21·1	—	Frösteln.
8.	7 h Morg.	0·56	0·19	16·10	7·5	22·85	21·5	12·29	Gefühl von Erschöpfung.
9.	5 h N.-M.	1·16	0·23	15·30	9·2	—	20·7	—	
10.	6 h Morg.	0·82	0·24	17·95	9·2	22·85	20·3	11·38	Vorher im Schlafe starker Schweiss.

In dieser Zusammenstellung findet sich als niedrigste Heizkraft eine Temperaturgeschwindigkeit von 0.56, als höchste eine solche von 1,30 Minutengraden. Die beiden niedrigsten Werthe fallen jedoch in eine Zeit, wo das Gefühl von Erschöpfung einen abnormen Körperzustand anzeigt. Die Messungen, welche morgens unmittelbar nach dem Erwachen angestellt wurden, ergaben durchaus geringere Heizkräfte (0·98, 1·00, 1·12, 0·82) als jene der Nachmittagsstunden (1·15, 1·30, 1·25, 1·16).

Die letzten 3 Untersuchungen zeigten ein eigenthümliches Verhalten der Temperaturgeschwindigkeit. Diese nahm nämlich im Verlaufe der Messung zu statt ab, um sich gegen das Ende wieder zu verlangsamen. Einen rein physicalischen Grund kann man dafür aus den Verhältnissen nicht ableiten. Es musste sich die Heizkraft durch Veränderung der Circulation oder sonstige durch die Manipulationen des Versuches selbst geschaffene Factoren steigern. Wie die bezüglichen Temperaturerhöhungen im Becher nach Abschluss der Messungen zeigen, würde in solchen Fällen ein calorimetrischer Versuch für die Wärmeabgabe Werthe ergeben, welche im Vergleiche zu der Heizkraft der Haut zu hoch wären.

Eine Proportionalität zwischen der Heizkraft und dem Dampfdrucke des Blutes oder der Temperatur der Umgebung lässt sich nicht vermuthen.

* * *

Vergleichen wir nun damit die Heizkräfte, wie wir sie an der Haut unserer Fiebernden fanden. (Tabelle IX).

Tabelle IX.

Nr.		Temperatur in der Achselhöhle °C.	Temp.-Geschwindigkeit im Beginne	Temp.-Geschwindigkeit am Schlusse	Dauer des Versuches in Minuten	Temp.-Erhöhung im Becher	Dampfdruck im Becher in mm Hg.	Temperatur der Luft °C.	Feuchtigkeit der Luft in mm Hg	Anmerkung.
1.	Pneumonie	38·0	0·80	0·23	12·25	5·4	29·78	26·2	—	Es folgen Schweiss und Krisis.
2.	»	38·0	1·05	0·10	15·10	6·9	22·45	24·0	9·79	
3.	»	38·4	1·14	0·33	14·25	7·6	29·78	23·6	9·79	Während der regelmässigen
4.	Tbc. pulm. chron.	38·0	1·30	0·31	9·25	6·0	15·84	24·0	—	Abendsteigerung der Temp.
5.	Lupus vulgaris	39·5	1·20	0·26	15·00	9·3	24·26	22·7	—	Nach Koch'scher Injection.
6.	Pneumonie	39·6	1·25	0·18	14·25	6·7	19·65	25·3	—	
7.	»	39·0	1·30	0·20	12·00	7·1	18·27	23·0	—	
8.	»	39·2	1·40	0·16	19·75	8·1	20·26	22·3	—	
9.	»	38·5	1·13	0·33	10·50	6·5	—	24·5	—	
10.	»	40·0	1·15	0·20	17·35	6·35	18·49	24·9	—	
11.	»	37·8	0·75	0·15	15·00	7·55	13·97	24·8	11·75	Einen Tag nach der Krisis.
12.	»	36·0	0·80	0·22	14·50	6·7	23·52	24·4	—	2 Tage nach der Krisis
13.	»	37·2	1·33	0·12	15·10	7·8	23·92	22·8	13·53	

Die Messungen sind aufsteigend nach den Anfangsge-
schwindigkeiten der Temperatur geordnet. Nr. 1, 2 und 3
zeigen niedrige Heizkräfte an, welche aber auch bei Messungen
an mir selbst vorkamen, nämlich 0·80 bis 1·14 Minuten-Grade
Celsius; Nr. 4, 5 und 6 bewegen sich in Grenzen, welche für
meine Haut zu jener Jahreszeit (Mai, Juni) der Norm zu entsprechen scheinen (1·20—1·25); in Nr. 7 bis 10 ist die Heizkraft bedeutend erhöht. Sie beträgt 1·39 bis 1·45. Ich kann
daher für die von mir untersuchten Fälle behaupten, dass
jener Theil der gesammten Wärmeabgabe, welcher voraus-
sichtlich der Heizkraft proportional ist, nämlich die durch
Luft und durch Wasserdämpfe fortgeführte Wärmemenge im
Zustande des Fiebers häufig sehr gesteigert, ebenso häufig
normal, manchmal wenig herabgesetzt ist. Vergessen aber
darf man nicht, dass das Ausbleiben einer Steigerung der
Heizkraft bei der erhöhten Bluttemperatur einer relativen
Herabsetzung gleich kommt.

Vergleicht man die Rubrik »Temperaturerhöhung im
Becher« in den Tabellen VIII und IX, dann findet man, dass
die Haut der fiebernden Kranken das kleine Calorimeter fast
durchaus um vieles weniger erwärmte als die meinige. Zum
Theile lässt sich dieses freilich dadurch erklären, dass die
Untersuchungen an den Patienten im Krankensälen angestellt
wurden, welche, wie die vorletzten Rubriken beider Tabellen
zeigen, bedeutend wärmer waren, als mein Wohnzimmer, mithin die Temperaturdifferenzen zwischen Haut und Luft geringer.
Durch die rein calorimetrische Methode würde überall da eine
Herabsetzung der Wärmeabgabe — in dem eingeschränkten
Sinne der Autoren — zu vermuthen sein, während die Messung
der Heizkraft noch eine bedeutende Steigerung derselben anzuzeigen im Stande ist.

Der Dampfdruck über der Haut kommt auch im Fieber
nicht als ein bestimmender Factor der Heizkraft zum Ausdrucke.

Die letzten 3 Messungen stammen von Pneumonien nach
der Krise. Einen Tag nach derselben erwies sich die Heizkraft zweimal subnormal, 2 Tage nachher über die Norm
gesteigert.

* * *

Die in diesem Capitel geschilderten Untersuchungen wurden durchaus an einem kleinen Hautareale angestellt, nämlich einem Theile der linken Regio infraclavicularis. So weit sich dieselben auf Eigenschaften des Blutes (Dampfdruck) beziehen, haben die Folgerungen, die man aus ihnen ziehen kann, Anspruch auf Giltigkeit für den ganzen Organismus. Sie haben aber nur locale Bedeutung, wo topographische Verhältnisse einen Einfluss üben können. So beweist eine Vermehrung oder Verminderung der Perspiratio insensibilis oder der Wärmeabgabe über dem l. Pectoralis noch nicht, dass eine gleiche Veränderung dieser Grössen über allen anderen Hautpartien eingetreten sei.

Eine besondere Stellung scheint die Gesichtshaut einzunehmen, deren Gefässinnervation besonders labil ist und die sich vermöge ihrer immerwährenden Nacktheit unter anderen Bedingungen in Bezug auf Wärme-Strahlung-, Leitung und Fortführung befindet.

Schluss.

Im Vorhergehenden wurde die Frage den Zusammenhang des Fiebers mit dem Nervensystem betreffend, dann diejenige der Aetiologie und der Antipyrese kaum gestreift. Ich besitze kein Untersuchungsmateriale darüber. Auf welchem Wege ein nicht näher zu bezeichnendes Fieberagens seinen Einfluss auf die Zelle geltend macht, ist für die behandelten Theile des grossen Fieberthemas ohne Bedeutung. Die Hefezelle kann nur durch Angriffe gegen ihr Protoplasma selbst, krank gemacht werden; die Gewebszelle hingegen, deren Seele nicht in ihrem Leibe, sondern in entfernten Centren ihren Sitz hat, diese leidet auch, wenn irgendwo eine Schädlichkeit sich so etablirt, dass sie ihren nervösen Antheil aus dem normalen Gleichgewichte bringt. Wenn man beim Fieber nicht ausschliesslich an die quergestreifte Musculatur denken will, dann tritt der Sympathicus mehr in den Vordergrund. Doch darüber liessen sich kaum mehr als schwer zu begründende Vermuthungen aufstellen.

Aehnliches kann man von der Wirkung der Antipyretica sagen. Da wir die Ansicht vertreten, dass die Rolle des

Wassers beim fieberhaften Processe eine wichtige und mit zu
den Stoffwechselvorgängen der Zelle zu zählen sei, dass ferner
ein grosser Theil der wärmeentziehenden Processe intracellulär
vor sich gehe, besteht für uns der Gegensatz zwischen Stoffwechsel und Wärmeabgabe nicht, mithin auch nicht derjenige
zwischen den antipyretischen Mitteln, welche den ersteren
vermindern und jenen, welche die letztere vermehren sollen.

Die Hydrotherapie des Fiebers, welche bekanntlich nach
zwei Richtungen ihre Wirkung entfaltet, indem sie dem
Körper durch directe Abkühlung Wärme entzieht und zugleich einen intensiven Hautreiz setzt, hat noch eine dritte
Seite, welche vielleicht wegen ihrer praktischen Consequenzen
nicht die unwichtigste ist. Es ist die Durchfeuchtung der
Epidermis durch das Bad.

Es ist nämlich auffallend, dass ein kurzes warmes Bad,
welches man chronisch Fiebernden behufs Reinigung ihres
Körpers verordnet, auch im Stande ist, die Temperatur in der
Achselhöhle beträchtlich herabzusetzen. Ein solches Bad entzieht weder Wärme, noch reizt es die Haut. Von einer ausgiebigen directen Wärmeentziehung kann man auch bei der
Einwickelung in nasse Leintücher nicht sprechen.

Wo es mir gestattet war, Einfluss auf die Art der Kaltwasserbehandlung von Typhen zu üben, liess ich den Kranken
immer in ein nasses Leintuch hüllen und so 15—30 Minuten
ohne weitere Bedeckung liegen. Das imbibirte Wasser verdunstet rasch und muss mit einem Schwamme frisch aufge-
tropft werden. Entfernt man schliesslich das Leintuch, dann
findet man den ganzen Körper, hauptsächlich die Extremitäten
auch im Sommer und auch dann, wenn das verwendete Wasser
nur zimmerwarm war, kalt. Bleibt der Patient jetzt durch
einige Zeit vollständig nackt auf seinem Bette, so dass die
in Folge der Durchfeuchtung für jede Art der Wärmeabgabe
tauglich gemachte Haut (siehe früher) frei nach allen Richtungen Wärme versenden kann, dann kann man mit Sicher-
heit einen beträchtlichen Temperaturabfall erwarten. Dem
Kranken bleiben dabei die unbequemen und oft gefährlichen
Transporte in die Wanne, sowie die äusserst unangenehme
Wirkung einer raschen Abkühlung erspart.

18049577R00082

Printed in Poland
by Amazon Fulfillment
Poland Sp. z o.o., Wrocław